KNAUR

Von Hubert Filser ist bereits folgender Titel erschienen:
AHA! Hubert Filsers großes Buch der Alltagsfragen

Über den Autor:
Hubert Filser wurde 1966 in Ingolstadt geboren. Er ist Wissenschaftsjournalist, unter anderem Reporter für die *Süddeutsche Zeitung* und *P.M.*, zudem Autor von *Quarks & Co* beim WDR (moderiert von Ranga Yogeshwar). Er ist Autor mehrerer Bücher, zuletzt erschien eine kurze Geschichte der Menschheit unter dem Titel »Das erste Mal«. Der studierte Physiker und Absolvent der Deutschen Journalistenschule in München ist für seine Arbeiten mehrfach ausgezeichnet worden.

Hubert Filser

WARUM WERDEN GESCHNITTENE ÄPFEL BRAUN?

Und andere Rätsel des Herbstes

KNAUR

Besuchen Sie uns im Internet:
www.knaur.de

FSC
www.fsc.org
MIX
Papier aus verantwortungsvollen Quellen
FSC® C083411

Vollständige Taschenbuchausgabe September 2017
Knaur Taschenbuch

Ein Imprint der Verlagsgruppe
Droemer Knaur GmbH & Co. KG, München

Mitarbeit: Katharina Roth
Lektorat: Nadine Lipp
Covergestaltung: HildenDesign, München
Coverabbildung: HildenDesign, Veronika Wunderer
Layout und Satz: Sandra Hacke;
nach der Originalgestaltung von HildenDesign
Druck und Bindung: CPI books GmbH, Leck
ISBN 978-3-426-78871-4

2 4 5 3 1

Für Theresia und Max

INHALT

HER

BST
ABC

PROLOG

Wenn man eine Umfrage über die Beliebtheit der Jahreszeiten durchführen würde, würde der Herbst sicher bei vielen Menschen den letzten Platz einnehmen. Der Sommer ist vorbei, die Aussichten sind trüb, morgens hängt feuchter Nebel in der Luft. Tristesse pur? Mitnichten. Letztlich ist wie so vieles auch das eine Frage der Perspektive. Denn man kann den Herbst genauso gut als Zeit der Feste beschreiben – allen voran das Münchner Oktoberfest, das als Königin aller Herbstfeste bekannt ist. Oder als Zeit der leuchtenden, intensiven Farben, des Indian Summer, wenn die Blätter knallbunt werden und die Sonne vom stahlblauen Himmel strahlt. Der Herbst ist auch die Zeit, in der die Ernte eingefahren wird, das leckere Obst, der Wein, der Hopfen fürs Bier, schlicht alles, was wir zum Essen brauchen. Der Herbst ist also eindeutig die Jahreszeit der gemischten Gefühle.

Folgen Sie mir auf meinem wissenschaftlichen Spaziergang durch den Herbst. Wir werden gemeinsam eine Bergtour unternehmen, morgens im Tal bei Nebel losgehen und dabei erfahren, warum sich die Nebel bilden. Später werden wir an einer Alm in der Sonne eine Pause machen und lernen, wie die Senner oben auf den Almen den Käse machen. Dann kehren wir über einen Klettersteig wieder zurück ins Tal und erhalten Tipps, wie man mit Höhenschwindel umgeht. Wir werden das Oktoberfest besuchen, das Geheimnis der Achterbahn genauso ergründen wie die Anfänge des Bieres und der Brezen, wir werden Marmelade selbst machen und ein Haus für den Igel bauen. Vor Halloween werden wir natürlich auch nicht zurückschrecken.

Überall werden Fragen und Alltagsrätsel auftauchen, die wir gemeinsam ergründen. Haben Sie sich schon einmal gefragt, warum sich im Herbst die Blätter verfärben und warum Blätter überhaupt grün und nicht etwa blau oder rot sind, wie Löcher in den Käse kommen oder warum Äpfel braun werden, wenn man sie schneidet? Auf diese Fragen des Alltags gibt es oft verblüffende wissenschaftliche Antworten. Viel Spaß beim Staunen!

Ihr

Hubert Filser

EIN TAG IN DEN BERGEN

Was suchen wir in den Bergen? Warum haben wir eine solche Sehnsucht danach, auf Gipfel zu klettern? – Bergsteigen heißt zunächst einmal, die Hektik des Tals hinter sich lassen. Mit jedem Schritt gehen wir weg vom alten Leben, wir machen eine Pause vom Alltag.

Im Herbst sind die Wiesen morgens oft noch feucht (ein echter Bergsteiger beginnt den Tag sehr früh), und in den Niederungen hängen Nebelschwaden. Doch dann kommt der unvergleichliche Moment, an dem man hinaustritt in die Sonne. Man hat seinen Rhythmus gefunden und geht seinen Weg, vorbei an Almen, an denen Kühe auf den Weiden stehen und in denen noch manch ein uriger Käser einen »echten« Bergkäse macht.

BERGSTEIGEN: SCHÖNHEIT UND GEFAHR

Wir trauen uns an ausgesetzte Stellen, an denen es steil hinabgeht, und kämpfen mit unserer Höhenangst. Wir bewundern die Natur, die Farbenpracht des Herbstlaubs, wenn sich der Sommer verabschiedet. Oben auf der Alm essen wir frischen Kaiserschmarrn und fühlen uns dem Himmel näher.

Bergsteigen hat etwas Reinigendes. Weil es uns auch mit Erfahrungen konfrontiert, die wir in Städten nicht mehr machen können. Zum Beispiel der Erfahrung, dass Schönheit und Gefahr ganz nah beieinanderliegen. Ich war mit Freunden und meiner Familie kürzlich auf einer zweitägigen Tour im Karwendelgebiet in Österreich unterwegs. Für den Nachmittag war ein Wetterumschwung vorhergesagt. Der wildschöne Weg, den uns der Hüttenwirt empfohlen hatte, führte zunächst zwei Stunden einen steilen Geröllhang hoch bis zur Eppzirler Scharte auf mehr als 2100 Meter. Wir genossen einen grandiosen Blick in zwei Täler, während wir vom Wind herrlich umtost wurden. Doch wenn es zu regnen begonnen hätte, wenn die Erde zu rutschen begonnen hätte und das Gestein glatt wie Seife geworden wäre, dann wäre es sehr schnell vorbei gewesen mit der Schönheit.

Es ist einer der schönsten Momente einer herbstlichen Bergwanderung, wenn auf dem Weg zum Gipfel die Nebelwand aufreißt, durch deren feuchte Schwaden man eben noch lief und die sich auf einer Almwiese mit einem Mal in nichts auflöst. Es ist plötzlich viel wärmer und strahlender. Weiter oben vom Gipfel sehen die Nebelwolken dann wieder anders aus, eher flauschig und gemütlich, wie ein dahinströmender Wattefluss, der sanft an die Hänge der Berge schwappt.

WARUM BILDET SICH IM HERBST MORGENS OFT NEBEL IN DEN TÄLERN?

Nebel ist nichts anderes als eine Wolke mit Bodenkontakt. Erst ab Sichtweiten unter einem Kilometer spricht man übrigens von Nebel, sonst handelt es sich nur um Dunst. Das Wort *nebula* gab es bereits in allen germanischen Sprachen, ebenso im Lateinischen und selbst das griechische *nephele* ist mit ihm verwandt. Nebel erscheint weißlich, weil das Licht an den feinen Tröpfchen gleichmäßig streut. Oft entsteht Nebel am Abend oder in der Nacht, wenn sich die bodennahe warme feuchte Luft abkühlt. Dann bilden sich Millionen feinster Wassertröpfchen, der Nebel.

Die Nächte im Herbst werden deutlich kälter, und der Boden kühlt immer mehr aus. Zwar schafft es die Sonne tagsüber noch, die Luft zu erwärmen, aber ihre Kraft reicht nicht mehr aus, um den Boden dauerhaft warm zu halten. Sobald die Sonne untergegangen ist, kühlt der Boden die niedrigen Luftschichten schnell ab, besonders stark passiert das in klaren Nächten. Wir wissen, dass kühle Luft weniger Feuchtigkeit speichern kann als wärmere, sie gibt also Wasser ab, das dann zu Wasserdampf kondensiert. Winzige, nur wenige Mikrometer große Wassertröpfchen schweben in der Luft. Forscher nennen diese Nebelart Strahlungsnebel.

Da kühle Luft nach unten sinkt, bleibt der Nebel in

den Senken und Niederungen dicht über dem Boden liegen. Oft setzen sich die Wassertröpfchen auch an Gräsern, Ästen oder Spinnennetzen ab, das ist dann der berühmte Frühtau. Wird es nachts richtig kalt, gefrieren sie, und Rauhreif bildet sich.

Nebel lässt sich im Herbst auch oft in der Nähe von Flussauen und Seen beobachten. Die Gewässer sind vom Sommer noch warm, die Luft wird in den Herbstnächten auch dort kalt. Doch die Schicht direkt über dem Wasserspiegel kann sich wieder leicht erwärmen, nimmt Feuchtigkeit aus dem Wasser auf und steigt dann langsam hoch. Oben ist die Luft wieder kühler, und ein Teil der Feuchtigkeit kondensiert zu Nebel. Die Seen und Flüsse dampfen an kühlen Herbstabenden regelrecht. Forscher nennen diesen malerischen Anblick »Verdunstungsnebel«.

Ob aus ein bisschen Nebel eine richtige Nebelbank wird, hängt vor allem vom Wind ab. Er kann Nebelschwaden schnell aufwirbeln und auflösen. Nebelfelder können durchaus einige hundert Meter im Durchmesser sein, in Flusstälern noch deutlich länger. Hochdruckwetterlagen im Herbst begünstigen die Nebelbildung, denn dann wehen meist nur schwache Winde.

Nebel ist aber nicht nur ein Wetterphänomen. Er ist ein Symbol für unsere Unsicherheit und Ungewissheit. Er steht für das Gefühl der Orientierungslosigkeit, das einen inmitten des Nebels befällt, weil man seine Umgebung nur noch schemenhaft erkennen kann und dadurch an Halt verliert. Im englischen Dartmoor, dieser verwunschenen, mystischen Heidelandeschaft mit all ihren Granitfelsen, Steinkreisen und uralten Menhiren, habe ich einmal bei einer Wanderung im Nebel kurzfristig komplett die Orientierung verloren. Eine unheimliche Erfahrung. Keine meteorologische Erscheinung sonst schafft das, höchstens vielleicht ein starker Sturm auf einem Segelschiff mitten im Atlantik.

Meinen schönsten Nebel habe ich den Passatwinden zu verdanken, die auf der spanischen Kanareninsel La Gomera kräftig und beständig von Nordosten blasen. Es gibt dort Wälder, die einmalig sind auf der Welt. Sie tragen den wunderschön klingenden Namen *Laurisilva*, Lorbeerwald, mit immergrünen, glänzenden Blättern. Es sind die größten zusammenhängenden immergrünen Feuchtwälder weltweit. Schon wenn man vom Meer aus die Steilküste hochfährt, sieht man an den Hängen des Bergs Garajonay, wie der Wind mit einer irrsinnigen Geschwindigkeit Nebelfetzen aus der geschlossenen Decke zu Tale reißt. Sie stürzen sich die Hänge hinab, ihrer Auflösung entgegen. Das sieht wunderschön aus, düster und heiter zugleich. Kein Wunder, dass die Einheimischen einst glaubten, auf den Lichtungen der Lorbeerwälder träfen sich die Hexen und Geister zum Tanz, und wer es nicht vor Einbruch der Dunkelheit schaffte wegzukommen, müsste die Nacht durchtanzen.

Und so ganz verkehrt ist dieser Eindruck nicht. Das zeigt sich, wenn man die Lorbeerbäume durchstreift. Es knarzt und ächzt in den Wäldern, seltsam hohe Töne sind darunter. Von den Ästen hängen Moose wie lange

Bärte, die Stämme sind knorrig und schief wie bei Hänsel und Gretel. Es ist eine märchenhafte Welt, Nebelfetzen brechen durch Lichtungen, doch ehe man die Feuchtigkeit auf der Haut spürt, lösen sie sich auf. Es bleibt nur ein kühler Hauch.

Forscher sprechen in diesem Fall vom »orographischen« Nebel oder Bergnebel. Die von den Passatwinden herangetragene feuchte Luft steigt an den steilen

Hängen in kühlere Regionen auf. Es ist also eine Art Abkühlungsnebel, der mit sinkendem Luftdruck zu tun hat. Ihre Feuchtigkeit kämmen die Bäume also regelrecht aus den Passatwinden, das Wasser kondensiert auf den Blättern.

Nebel kommt in fast allen Regionen der Erde vor. Am häufigsten ist er in Gebieten, in denen es sehr feucht ist und gleichzeitig große Temperaturunterschiede herrschen. Es gibt sogar Regionen, die praktisch immer Nebel haben. In der Wüste Namib an der Westküste Afrikas ist das der Fall. Das liegt an einer Meeresströmung: Der Benguelastrom im Atlantik zieht sich wie ein kaltes Band vom Kap der Guten Hoffnung nach Norden hin zum Äquator. Passatwinde schieben warmes Oberflächenwasser weg von der Küste hin zum kalten Strom. Dadurch kühlt die Luft an der Oberfläche ab und lässt die Nebelbänke entstehen. Sie ziehen dann langsam auf die Küstenwüste zu und schaffen es manchmal bis zu 50 Kilometer über die weiten Sandflächen ins Landesinnere, bis sie dann irgendwann den Kampf gegen die Sonne verlieren.

MÜSSEN BERGE IMMER EINE SPITZE HABEN?

Für Kinder ist die Sache mit den Bergen einfach. Sie sind oben spitz und unten breit, ein Dreieck eben. Wenn sie Berge malen, zeichnen sie dreieckige Zacken. Wer durch die bayerischen oder österreichischen Alpen klettert, fühlt sich in dieser Sicht bestätigt. Die meisten Berge ähneln tatsächlich Pyramiden. Das Matterhorn in der Schweiz ist so ein Paradeberg.

Forscher wussten zwar irgendwie, dass das so vermutlich nicht ganz stimmen kann, doch in ihren Modellen etwa zu den Auswirkungen des Klimawandels rechneten sie mit dieser Idealform. Doch jüngst sahen sich zwei amerikanische Wissenschaftler Berge und ihre Formen weltweit an und waren erstaunt: Tatsächlich existieren vier verschiedene Grundformen – und nicht bei allen wird wie bei unseren heimischen Bergen der Lebensraum für Tiere und Pflanzen hin zum Gipfel enger. Nur 30 Prozent aller Berge habe die Pyramidenform, vorwiegend finden sie sich in den Alpen. Neben der Pyramide gibt es noch die Diamantform, sie dominiert etwa in Nordamerika in den Rocky Mountains. Diese Form hat die meisten Flächen in gemäßigten bis mittleren Höhen. Im Himalaja und in vielen Gebirgszügen der Anden ähnelt das Höhenprofil dagegen einer Sanduhr. Hier gibt es weite Flächen im Tal und in großen Höhen. Beim 3000 Kilometer langen chinesischen Kulun-Gebirge an der Grenze zu Tibet findet man wiederum vor allem die umgestürzte Pyramide. Hier ist das Platzangebot im Tal knapp, wächst dann kontinuierlich bis in hohe Lagen und nimmt erst nahe dem Gipfel wieder ab.

Solche Analysen sind angesichts steigender Temperaturen für die Forschung wichtig. Nicht auf jedem Berg wird es also oben für die Tiere enger, wenn sie sich aufgrund des Klimawandels in die kühleren Höhenlagen zurückziehen müssen.

WARUM KÖNNEN BERGE AUF DER ERDE NICHT 30 KILOMETER HOCH WERDEN?

Der größte uns bekannte Berg im Sonnensystem ist der Mons Olympus auf dem Mars. Der gewaltige Schildvulkan ist etwa 26 Kilometer hoch und hat einen Durchmesser von 600 Kilometern, er würde ziemlich genau zwischen München und Hamburg passen. Auf der Erde

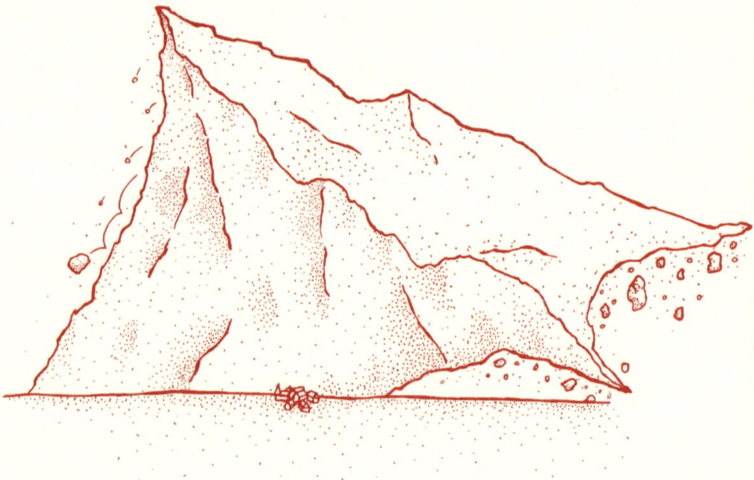

haben wir als höchste Erhebungen den Mount Everest mit 8850 Metern und den Mauna Kea auf Hawaii, der vom Fuß auf dem Meeresgrund bis zum Gipfel 10 203

Meter misst. Zwar wächst der Mount Everest pro Jahr wenige Millimeter, da die indische Erdplatte mehrere Zentimeter pro Jahr Richtung Nordosten treibt und so die Eurasische Platte leicht anhebt. Doch den Hebekräften stehen Erosion und Erdanziehung entgegen.

Eine Grenze setzt vor allem die Erdanziehung. Wäre ein Berg auf der Erde höher als 30 Kilometer, wäre der Druck an seiner Basis aufgrund seines Gewichts so hoch, dass alles Material darunter flüssig werden würde. Der Berg würde einsinken. Auf dem Mars ist die Schwerkraft geringer, sie liegt nur bei 38 Prozent der Erdanziehungskraft, deshalb können die Berge dort höher werden. Dass solche Effekte tatsächlich eine Rolle spielen, sieht man am Mauna Kea. Geologen haben festgestellt, dass der Vulkan aufgrund seines Gewichts in den Meeresboden eingesackt ist, und zwar bereits 7000 Meter. Eigentlich würde er nämlich vom Fuß bis zum Gipfel 17 Kilometer messen.

VON WOLKEN UND MENSCHEN

Wer einfach so auf einer Bergwiese liegt (natürlich geht das auch im Sommer am Strand) und nach oben schaut, der kann wundersame und schöne Dinge beobachten. Wolken zum Beispiel, die am Himmel entlangziehen, die klassische Schönwetterwolke etwa. Schäfchenwolken nennt man sie auch umgangssprachlich, weil sie eine flauschige, wollige Form haben. Nach ganzen Schafen sehen sie in den seltensten Fällen aus, sie nehmen meist ganz eigenwillige Formen an.

Je nach Typ und Stimmungslage kommen einem da ganz verschiedene Gedanken in den Sinn. Der physikalisch orientierte Mensch fragt sich vielleicht, wie solche Wolken entstehen und ob sie wirklich so federleicht sind, wie sie aussehen. Der romantische Typ hängt seinen Gedanken nach, wenn die Wolken am Himmel entlangjagen, und entdeckt in den wolligen Wolken immer neue Wesen, mal springende Tiere, mal Gegenstände, mal lustige Gesichter. Und wer an die Geschichte der Menschheit denkt, weiß um die elementare Bedeutung der Wolkentürme: Ohne Gewitterwolken und Blitze wären wir vielleicht nie auf die Idee des Feuers gekommen und Hunderttausende von Jahren später nicht auf Elektrizität oder elektrisches Licht. Es gibt also viele Gründe, die Augen zum Himmel zu wenden und sich Gedanken über Wolken zu machen.

Warum meinen wir, in Wolken Gegenständliches zu erkennen?

Unser Gehirn scheint darauf geeicht zu sein, überall Dinge oder ein Gegenüber zu erkennen. Wir sind erstaunlich sensibel in dieser Hinsicht, unser Gehirn ergänzt diffuse Sinnesinformationen oft zu einer Gestalt, zu einem Ganzen, das für uns einen Sinn ergibt. Wir messen dieser Beobachtung dann auch eine Bedeutung zu, machen aus Wolken vertraute Gegenstände, aus Hell-Dunkel-Unterschieden vermeintliche Gesichter oder Dinge mit klaren Konturen, erkennen in der völligen Unordnung ein Muster.

Die Wissenschaft hat für dieses schöne Phänomen einen Namen: Pareidolie (das kommt aus dem Griechischen und bedeutet so viel wie »Neben-Erscheinung«).

»Es gibt eine allgemeine Tendenz unter Menschen, alle Dinge als sich selbst ähnlich aufzufassen und diese Eigenschaften auf alle Objekte zu übertragen. Wir erkennen menschliche Gesichter im Mond und Armeen in den Wolken«, schrieb der schottische Philosoph David Hume einst. Diesen Prozess der Vermenschlichung hält Hume für den Ursprung von Religion und Aberglauben.

Nicht nur in Wolken erkennen wir Gesichter. Da taucht plötzlich die Jungfrau Maria auf einem Toastbrot auf, oder wir erkennen im rauchenden World-Trade-Center plötzlich eine teuflische Fratze oder auf einem unscharfen Sondenfoto der Marsoberfläche ein menschliches Antlitz. Punkt, Punkt, Komma, Strich, fertig ist das Marsgesicht. Egal ob tatsächlich auf dem Mars, Mond oder an irgendeiner Hauswand: Wir suchen selbst in den Steckdosen nach Augen, Nase, Mund. (Wer Lust an solchen Bildern hat, dem sei die Webseite www.dingemitgesicht.de empfohlen.)

Wissenschaftler vom Massachusetts Institute of Technology (MIT) in Boston haben dieses Phänomen jüngst mit Hilfe eines funktionellen Magnetresonanztomogra-

phen (fMRT) detailliert untersucht. Testpersonen bekamen in den Geräten Bilder von echten Gesichtern und Dingen mit Gesichtern vorgespielt, das fMRT zeichnete dabei die Gehirnaktivitäten auf. Unser Gehirn könne dabei sehr wohl unterscheiden, ob es sich um ein tatsächliches Gesicht handle oder um ein Objekt, sagen die Forscher. Offenbar sind an der Gesichtserkennung zwei

Bereiche des Gehirnareals *Gyrus fusiformis* beteiligt, das im Schläfenlappen in der unteren Großhirnrinde liegt. Der linke Gyrus fusiformis bewertet dabei zunächst, wie ähnlich ein über die Augen hereinkommendes Bild einem Gesicht ist, dafür reichen oft schon wenige Gesichtspunkte und Abstände zueinander aus. Der rechte Gyrus fusiformis wiederum erhält diese Vorabinformation und entscheidet dann schnell, ob das Objekt tatsächlich ein echtes Gesicht ist, er trifft also erst die kategorische Entscheidung. »Wir können sagen, dass ein Objekt wie ein Gesicht aussieht, werden aber gleichzeitig nicht wirklich davon in die Irre geführt«, sagt der Kognitionswissenschaftler Pawan Sinha vom MIT. Diese ausgeklügelte Arbeitsverteilung sei der erste Nachweis, dass linke und rechte Gehirnhälfte zusammen verschiedene Rollen übernehmen, wenn sie visuelle Eindrücke in hoher Auflösung verarbeiten.

Wenn wir also im Gras oder am Strand liegen und Wolken beobachten, trainieren wir auch unseren Gyrus fusiformis.

WAS WIEGEN WOLKEN?

Vermutlich sind Sie schon mal mit dem Flugzeug durch Wolken geflogen. Würde man die Augen schließen, würde man das Eintauchen in den Wolkennebel gar nicht mitbekommen. Für ein Flugzeug ist es aerodynamisch betrachtet egal, ob es durch Luft oder Nebel fliegt. Es können höchstens aufgrund von aufsteigender Luft innerhalb von Wolken Böen oder Turbulenzen in der Luft auftreten, die wiederum spürt man im Flugzeug sofort. Doch vom möglichen Gewicht der Wolke spürt man nichts. Dabei sind die so flauschig wirkenden Wolken tatsächlich tonnenschwer. Meteorologen schätzen das Gewicht aufgrund von Größe und durchschnittlich enthaltener Wassermenge.

Schönwetterwolken (Cumulus) haben meist klare Grenzen, deshalb lässt sich ihr Gewicht gut bestimmen. Kleine Cumuluswolken sind etwa so groß wie ein Fußballfeld und bis zu einem Kilometer hoch, mittlere sind bereits rund einen Kubikkilometer groß. Solche Wolken enthalten etwa ein Gramm Wasser pro Kubikmeter, damit kommt man auf ein Gesamtgewicht von 1000 Tonnen, das ist so viel wie 200 ausgewachsene Elefantenbullen oder 750 VW Golf.

Tropische Wolken gleicher Größe und Art können etwa siebenmal so viel Wasser speichern, weil die Luft in ihnen wärmer ist. Ihr Gewicht liegt demzufolge bei 7000 Tonnen.

Der Gewichtsgigant am Himmel ist die Gewitterwolke, auch Cumulonimbus genannt. Monströs türmt sie sich bis in 11 Kilometer Höhe auf, in den Tropen sind sie sogar noch höher. Oft sind sie auch einige Kilometer breit. Was ihr Gewicht auf mehrere Millionen Tonnen steigen lässt.

Trotz ihres Gewichts fallen die Wolken natürlich nicht herunter, denn die Wassertröpfchen selbst sind meist winzig, nur millionstel Meter im Durchmesser. Sie würden zwar einerseits aufgrund ihres Gewichts langsam

nach unten schweben, doch da Wolken andererseits dort entstehen, wo feuchtwarme Luft aufsteigt, wird der Schwerkrafteffekt durch den Aufwind in der Wolke locker aufgehoben. Erst wenn die Wolke immer mehr Wasser aufnimmt und die Tropfen weiter wachsen, siegt irgendwann doch noch die Schwerkraft, und es fängt an zu regnen. Viele Wolkenarten können Regen erzeugen, manche geben bis zu zwei Liter Regenwasser pro Quadratmeter ab. Der Karlsruher Meteorologe Bernhard Mühr hat in seinem Buch »Der Wolkenatlas« ausgerechnet, dass so eine Wolke während eines 30-minütigen

Schauers rund 25 Kilometer zurücklegt und dabei rund 150 Millionen Liter Wasser abgibt. Bei einem Gewitter (Cumulonimbus-Wolken) ergießen sich innerhalb kurzer Zeit bis zu fünf Milliarden Liter Wasser auf die Erde. Und amerikanische Physiker um Michael Larsen vom College of Charleston haben mit Hochgeschwindigkeitskameras gemessen, dass die schnellsten Tropfen mit 20 km/h auftreffen und wider Erwarten dabei auch kleinere Tropfen zu den Rekordhaltern zählen.

WARUM SIND WOLKEN WEISS?

Eine Wolke besteht aus feinsten Wassertröpfchen, die sich um winzige sogenannte Aerosolpartikel bilden. Dies können zum Beispiel Staubteilchen oder Salzkristalle sein, in größeren Höhen auch kleinste Eiskristalle. Sichtbar macht die durchsichtigen Teilchen ein physikalischer Effekt. Licht streut nämlich an mikroskopisch kleinen runden Teilchen, wenn die Wellenlänge des Lichts in etwa dem Durchmesser der Teilchen entspricht oder kleiner ist. Die Wellenlängen von sichtbarem Licht liegen zwischen 380 und 780 Nanometer, sie sind also etwas kleiner als die Durchmesser der Tröpfchen, diese liegen im Mikrometerbereich, bei größeren Tropfen sind es Millimeter. Da alle Wellenlängen des sichtbaren Lichts in etwa gleich gestreut werden, erscheinen die Wolken weiß – wir nehmen die Überlagerung aller Farben als Weiß wahr. Dickere Wolken sind dunkler, weil das Licht mehrfach auf dem Weg durch die Wolke gestreut wird und kaum noch Licht die Wolke durchdringen kann.

WARUM GIBT ES WOLKEN IN SO VIELEN VARIATIONEN?

Warum es Wolken in dieser Vielfalt gibt, ist eine dieser Fragen, die leicht erscheinen, im Detail aber unglaublich kompliziert sind. Die einfache Antwort kennen wir bereits. Aufsteigende Luft kondensiert an Sand, Staub- und Rußteilchen, Pollen oder anderen Aerosolen. Mit zunehmender Höhe nimmt der Luftdruck ab, die feuchte und relativ warme Luft (im Vergleich zu höheren Schichten) dehnt sich aus und kühlt deshalb ab. So kann sie weniger Wassermoleküle halten. An den Teilchen – Forscher nennen sie Kondensationskeime – bilden sich aus den unsichtbaren Gasmolekülen feinste, sichtbare Wassertröpfchen und damit im großen Maßstab Wolken. Der Name »Wolke« geht übrigens auf die indogermanische Wurzel *uelg* »feucht, nass« zurück.

Doch was genau im Inneren von Wolken passiert, ist in vielen Bereichen noch ein Mysterium. Es gibt flauschige, flockende Wolken und solche mit seidig glänzenden Rippen, hauchdünne Schleier, durch die die Sonne bricht, und dunkle, turmhohe Kuppeln, die kilometerhoch aufragen, es gibt turbulente und ruhig dahinschwebende, düstere und heiter strahlende. Wolken gehören zu den kompliziertesten Phänomenen, die die Natur zu bieten hat. Etwa 60 Prozent unseres Planeten sind durchschnittlich von Wolken bedeckt. Sie zu begreifen bedeutet auch, die großen fundamentalen Klimasysteme der Erde zu verstehen, den weltweiten Kreislauf des Wassers und die Verteilung der Wärme, also von gewaltigen Energiemengen. Forscher gehen davon aus, dass zwischen 13 und 15 Billiarden Liter Wasser in der Atmosphäre zirkulieren, etwa das 300-fache Volumen des Bodensees. Alle neun Tage erneuern sich die Wolken am Himmel komplett.

Wir wissen aber immer noch nicht, wie genau Wolken mit der Umgebung in Wechselwirkung stehen oder welche Dinge ihr Verhalten entscheidend prägen. Und wir wissen nicht, welche Rolle sie spielen, wenn es um die Erwärmung der Erde geht: Kühlen oder heizen sie die Atmosphäre? Nicht umsonst sind sie bis heute der größte Unsicherheitsfaktor in allen Klimamodellen weltweit. Das sagen praktisch alle Meteorologen und Klimaforscher. Das Wechselspiel von Wolken und Aerosolen in Klimamodellen zu berücksichtigen bleibe »eine Herausforderung«.

Wenn man den Wolkenhimmel betrachtet, bestätigt sich das Gefühl, es mit einem hochkomplexen, chaotischen System zu tun zu haben. In manchen Regionen wechseln die Wolken minütlich ihr Erscheinungsbild, der Wolkenhimmel kann plötzlich aufreißen und sattes Blau freigeben, ebenso schnell kann aus harmlosen Schäfchenwolken ein Regenschauer entstehen. Manchmal sehen wir dünne, schier endlose Schleierwolken oder dichten Hochnebel, dann wieder kleine, klar umrissene Schäfchenwolken, dann düstere, sich in Minuten zu gewaltigen, dunklen Türmen aufschiebende Gewitterwolken. Und selten ganz weit oben silbrig glänzende hauchfeine Zirren.

Wie sich Wolken einteilen lassen

Die Forscher wurden in den vergangenen 200 Jahren nicht müde, die Wolken in Kategorien und Unterkategorien einzuteilen, nach Höhe, Form und Schichtung. Fast so wie Biologen Tiere in Arten und Unterarten fassen. Zehn Hauptgruppen gibt es, sie werden nach Form und Aussehen benannt und zudem in vier Typen je nach Höhe eingeteilt. Die meisten Wolken entstehen in der Troposphäre, der untersten Schicht der Atmosphäre, sie enthält 90 Prozent der Luft der Erde und praktisch den gesamten irdischen Wasserdampf. Wolken tauchen aber auch in höheren Regionen auf. Die Typisierung der Wolken nach der Höhe findet sich auch im Namen wieder. Niedrige Wolken beginnen immer mit »Strato«, mittelhohe Wolken zwischen 2 und 6 Kilometer Höhe mit »Alto« und hohe Wolken mit »Cirro«. Der zweite Teil des Namens bezieht sich auf die Form, also etwa Cumulus für eher runde Wolken. Bei stabilen Verhältnissen in der Atmosphäre, also geringen Luftdruckunterschieden und Winden, sind die Wolken meist ohne klare Konturen, bei labilen Schichten mit Aufwinden entstehen eher Quellwolken, die sich vertikal nach oben schieben. Diese vertikalen Wolken sind dann der vierte Typ, der sich anders als die ersten drei Typen nicht auf eine Höhenregion beschränkt.

Diese letztlich sehr alte Form der Wolkenbeschreibung verrät aber noch wenig über die Frage nach dem Inhalt und den Detailvorgängen in Wolken. Schon die Frage nach den winzigen Keimen, an die sich die Wassermoleküle binden und dann Tröpfchen bilden, führt in die Tiefen der aktuellen Forschung. Wissenschaftler vermuten, dass etwa die Hälfte der Kondensationskeime erst in der Atmosphäre entsteht, möglicherweise ausgelöst durch die kosmische Strahlung oder indem unterschiedliche Aerosolpartikel und Gase über chemische Prozesse miteinander reagieren. Und offenbar, so melden es neue Studien, ist es ein Unterschied, ob Sandkörner aus der Sahara, Salzkristalle aus dem Atlantik oder Ascheparitkel aus einem isländischen Vulkan, einem Waldbrand oder einem europäischen Kraftwerk in den Wolkenbergen als Kondensationskeim dienen oder ob es Pollen, Pilzsporen oder sogar Bakterien sind. Zusammen mit Wasserdampfmolekülen können diese Schwebeteilchen weiter anwachsen. Wie und woran Wolken keimen, hat auch einen Einfluss darauf, wie dicht sie werden und ob sie später eher kühlen oder die Atmosphäre aufheizen. Kleine, eher saubere Tröpfchen reflektieren viel Licht in den Weltraum. Das kühlt. Eiskristalle in Wolken wiederum streuen sowohl das Licht der Sonne wie auch Wärmestrahlung anders als Wassertröpfchen.

Solche Dinge haben Forscher in Laborversuchen weltweit untersucht, etwa im Leipziger Wolkenturm des Leibniz-Instituts für Troposphärenforschung (TROPOS), am Atmospheric Aerosol Research Department (Aida) des Karlsruher Instituts für Technologie (KIT) oder in der hochreinen Wolkenkammer am Schweizer Forschungszentrum CERN. Die bisherige Erkenntnis daraus: Das Wolkenrätsel lässt sich nur ergründen, wenn man die Aerosolpartikel in den Wolken versteht.

Folgt man diesen Wissenschaftlern und ihrer Aerosolforschung, taucht man nicht nur tief ein in die Wolken, sondern auch in physikalische und chemische Details, die aber wichtig sind, um im großen Rahmen Klimamodelle und damit die Klimaveränderung berechnen zu können. Ohne Wolken bleibt das Puzzle ungelöst und das Bild unscharf. Und ohne die winzigen Aerosolteilchen werden wir wohl nie die Wolken verstehen. Sie hängen zumindest ganz stark mit einem der großen ungelösten Rätsel der Wolkenentstehung zusammen, nämlich dem Phänomen, dass hin und wieder schon bei höheren Temperaturen spontan Eiskristalle in Wolken entstehen; höher bedeutet für die Forscher Temperaturen zwischen minus 20 und null Grad. Wasser gefriert »von selbst« erst bei minus 38 Grad, auch so eine physikalische Besonderheit von Wasser. Tatsächlich gibt es auch schon bei höheren Temperaturen als minus 38 Grad Kristalle, was Forscher sehr erstaunt. Daran sind eben die berühmten Aerosole beteiligt. Die Tröpfchen in den Wolken brauchen oberhalb von minus 38 Grad Celsius immer einen Gefrierkeim, um zu Eis zu werden. Es gibt eine unglaubliche Vielzahl an möglichen Keimen, woraus sie bestehen und wie genau sie Eis machen – also ob sie in die Tröpfchen eindringen oder sie nur von außen berühren –, ist eine Wissenschaft für sich. Der Aufwand, um diesen Geheimnissen auf die Spur zu kommen, ist enorm. Nicht nur in Wolkenkammern studieren die Experten Detailsituationen, sie fliegen auch mit Flugzeugen weltweit in vereiste Wolken, sammeln Proben, tauen sie auf und analysieren die Bestandteile. In den Wolken ist der Staub der Welt.

Anfang 2015 sind deutsche Forscher beim »Minus-38-Grad-Rätsel« einen Schritt weitergekommen. Im Wolkenturm von Leipzig analysierten sie im sieben Meter hohen Messinstrument LACIS intensiv Wolkenprozesse. Sie taten dies für die in unseren Breiten häufigen mittelhohen Wolken, die zwischen 2000 und 6000 Meter Höhe vorkommen, und schauten, welche Aerosole dafür sorgen könnten, dass sich schon bei höheren Temperaturen Eiskristalle bilden. Im Wolkensimulator zeigte sich, dass vom Erdboden aufgewirbelte Mineralstäube die Gefriertemperatur auf minus 23 Grad Celsius senken, Pollen oder Bakterien sogar auf bis zu minus acht Grad.

Die Art der Aerosole und, noch wichtiger, die Größe der Partikel haben einen entscheidenden Einfluss auf die Wolkenbildung, das bestätigen auch Forscher am

Max-Planck-Institut für Chemie in Mainz. Alle neuen Informationen über Art, Menge, Größe der Aerosole und auch die wichtigen physikalischen und chemischen Prozesse werden künftig in die neuesten Computermodelle einfließen.

Man muss zugeben, dass das reichlich komplizierte Dinge sind. Spannend, und auch unglaublich vielschichtig. Für den Moment legen wir uns doch wieder zurück auf die Wiese und schauen hoch und sehen die mächtigen Wolkenbilder und Gesichter und denken dabei vielleicht auch an Goethe, der vor 200 Jahren angesichts der neuesten Erkenntnisse in der Wolkenforschung dem damaligen Begründer der modernen Wolkenkunde Luke Howard und seiner Arbeit ein eigenes dreigeteiltes Wolkengedicht widmete, in dem er sowohl Howard ehrte wie auch den vier grundlegenden Typen Stratus, Cumulus, Cirrus, Nimbus jeweils eine Strophe widmete. Zum Beispiel der Cumuluswolke:

Und wenn darauf zu höhrer Atmosphäre
der tüchtige Gehalt berufen wäre,
steht Wolke hoch, zum herrlichsten geballt
verkündet, festgebildet, Machtgewalt
und was ihr fürchtet und auch wohl erlebt,
Wie's oben drohet, so es unten bebt.

Das löst zwar nicht unser Klimaproblem, ist aber schön. Und angesichts der mitunter hitzig geführten Klimadiskussionen soll hier ein weiterer Dichter zu Wort kommen: Hans Magnus Enzensberger. Auch er will sich an einem Spätsommertag auf eine Wiese legen, um die Wolken an sich vorbeiziehen zu lassen:

Ihre hohen Wanderungen
sind ruhig und unaufhaltsam.
Es kummert sie nichts.
Wahrscheinlich glauben sie
an die Auferstehung, gedankenlos
glücklich wie ich, der ihnen
auf dem Rücken liegend
eine Weile zusieht.

Das schreibt er in seinem Gedichtband »Geschichte der Wolken«. Wie doch der Blick zum Himmel einen Gelassenheit und Bescheidenheit lehren kann.

ALPENGLÜHEN

Die Farben des Himmels haben mit dem Licht der Sonne zu tun und damit, in welchem Winkel es auf die Erde trifft – das kann man sich vielleicht schon denken. Doch zu den Eigenschaften des Lichts in all seinen Farbfacetten von Blau bis Rot – das weiße Licht besteht ja aus vielen Farben von Violett über Blau, Grün, Gelb bis hin zu Orange und Rot – kommt noch eine für uns Menschen extrem wichtige Schicht hinzu. Von ihrer Zartheit schwärmen unsere Astronauten und betonen, wie verletzlich die Erde vom Weltall aussehe: die Atmosphäre, die unseren blauen Planeten mit einer hauchdünnen Schicht umgibt. Ohne sie könnten wir uns jede weitere Diskussion sparen. Wir wären schlicht nicht da.

Auf dem Weg von der Sonne zu uns durchdringt das Licht die Atmosphäre. Sie besteht aus vielen Molekülen, allen voran Sauerstoff und Stickstoff. Die Lichtwellen stoßen mit ihnen zusammen und regen die Moleküle an, sie fangen an zu schwingen und senden das Licht wieder nach allen Seiten aus. Diese Streuung des Lichts nennen Physiker Rayleigh-Streuung. Doch die Luftteilchen streuen nicht alle Farben des Lichts gleichermaßen, sondern bevorzugt das kurzwellige Blau. Seine Wellen reisen durch alle Luftschichten und werden dabei immer und immer wieder abgelenkt, deshalb kommt es auch aus allen Richtungen zu uns – und wir sehen überall das klare Blau. Ohne diese Streuung wäre der Himmel so nachtschwarz wie das Weltall.

Rot ist der Himmel am Abend, weil das blaue Licht dann einen sehr viel längeren Weg durch die Atmosphäre zurücklegen muss. Dabei streuen die Moleküle darin immer mehr blaue Anteile weg von der Erde, und zurück bleiben die langwelligen, rötlichen Farben.

In den Bergen gibt es kurz vor dem Untergang der Sonne, wenn diese ganz flach am Himmel steht, noch einen besonders schönen Effekt. Dann leuchten Kalksteinfelsen und schneebedeckte Hänge rosafarben. Geradezu kitschig sieht dieses Alpenglühen aus. Es entsteht, weil die rötlichen Anteile des Abendlichts an den Bergen reflektiert werden. Das Licht wirkt auf uns besonders intensiv, weil die tiefer liegenden Regionen schon ganz dunkel sind und das warme Licht nur noch die Bergspitzen in Farbe taucht.

Auf dem Mond – er hat praktisch keine Atmosphäre – würden wir übrigens nur einen tiefschwarzen Himmel sehen, der Mars mit seiner dünnen Atmosphäre aus Kohlendioxid und Rostteilchen färbt seinen Himmel gelblich rot (und am Abend in Richtung der untergehenden Sonne blau), der Venushimmel mit seiner Schwefelsäureatmosphäre schimmert orange.

WARUM WIRD MANCHEN MENSCHEN IN DER HÖHE SCHWINDELIG?

Fragt man den Münchner Neurologen Thomas Brandt nach Höhenschwindel, erzählt er zunächst eine Geschichte über den Kaiser von China. Dieser soll einst gesagt haben: »Oft, wenn ich die klare, kalte Plattform eines Beobachtungsturms hinaufklettere, umherschaue und langsam weitergehe, fühle ich mich schon auf halber Höhe verwirrt und unsicher.« Um ihn herum habe sich alles gedreht, er habe versucht, seine Atmung zu beruhigen, habe sein Haar gelöst und niederknien müssen.

Die Worte des Gelben Kaisers Huang Di stellen einen der frühesten Berichte über das Phänomen des Höhenschwindels dar. Die Schilderung ist schon recht anschaulich. Viele von uns kennen das Gefühl am eigenen Leib. Fast jeder dritte Mensch fühlt sich unwohl, wenn er auf einem schmalen Grat in den Bergen geht oder generell in großer Höhe unterwegs ist. Ein Blick in die Tiefe reicht, und das Ziehen im Bauch beginnt. Es gibt die unterschiedlichsten Ausprägungen. Ein Freund, der kurz zuvor mühelos Klettersteige mit ausgesetzten Stellen bewältigt hatte, hielt sich beispielsweise krampfhaft an den Seilen einer Hängebrücke fest, die frei über ein weites Tal führte. Und das, obwohl die gesamte Konstruktion aus stabilsten Stahlseilen bestand. Mir machte die Brücke gar nichts aus, dafür wird mir eher an ausgesetzten Stellen mulmig. Von einem Höhenschwindel sind etwas mehr Frauen als Männer betroffen. Oft beginnt das Phänomen im Teenageralter, kann aber auch weit später erstmals auftreten und steigert sich bei mehr als jedem Zweiten im Lauf des Lebens.

Klar zu unterscheiden vom Höhenschwindel ist die Höhenangst, auch Akrophobie genannt. Sie tritt oft zusammen mit dem Höhenschwindel auf. Unter dieser psychischen Angststörung leiden etwa 4 Prozent der Bevölkerung. Regelrechte Panikreaktionen lassen einen zittern und machen die Knie weich, dadurch verschlechtert sich die Standsicherheit, und der Höhenschwindel verstärkt sich. Der Übergang vom Schwindel zur Angststörung verlaufe graduell, so Brandt. Die Begriffe werden auch oft durcheinandergeworfen.

Auslöser für einen Höhenschwindel kann eine Bergwanderung sein oder auch das Besteigen eines Turms. Wir reagieren verunsichert, wenn wir in den Abgrund schauen. Schauen wir etwa in ein tiefes Tal, ist der nächste Ort, der optisch Halt bietet, zu weit entfernt. Unser visuelles System verliert seinen Bezugspunkt. Der Körper reagiert darauf mit einer messbaren Verunsicherung, die Körperschwankungen werden größer. Das passiert auch bei Menschen, die mit Höhe gut klarkommen. Die Gefahr, hinzufallen oder gar abzustürzen, steigt.

Stehen wir am Abgrund, bleiben unsere Augen eher in der Ferne am Horizont haften oder fixieren weiter entfernte Punkte und führen weniger Blickbewegungen aus. Wir vermeiden es, weiter in die Tiefe zu schauen, und bewegen auch den Kopf deutlich weniger – und zwar unabhängig davon, ob wir stehen oder noch gehen. Da wir so kaum noch das Gelände beobachten und nicht mehr schauen, ob der Boden glatt und uneben ist, steigt das Risiko hinzufallen. Beim Gehen über einen Grat oder eine ausgesetzte Stelle werden wir langsamer, die Schritte werden kleiner und vorsichtiger. Gleichzeitig verspannen dabei unsere Muskeln am Körper, wir erstarren allmählich, unser Rücken versteift sich. Es fühlt sich an, als würde der ganze Körper so starr wie ein Besenstiel werden.

Was wir bei Höhenschwindel tun können

Der Schwindel verbessert sich, wenn wir uns irgendwo anlehnen oder festhalten. Noch besser ist es, sich kurz hinzusetzen, hinzuknien oder gar hinzulegen, vor allem dann, wenn uns zusätzlich noch – wie oft in den Bergen – weitere Reize wie heftiger Wind irritieren. Wir sollten zudem unseren Kopf möglichst gerade halten, das erleichtert es unserem Gleichgewichtssinn, sich zu stabilisieren. Gut ist es auch, sich optisch einen nahen Bezugspunkt zu suchen. Es kann auch helfen, sich auf eine andere Sache zu konzentrieren und bewusst nicht mehr an den steilen Abhang zu denken.

Gefährlich wird es auch für Höhenunempfindliche, wenn sie an einer ausgesetzten Stelle durch das Fernglas blicken. Die visuelle Rückkopplung führt unweigerlich dazu, dass die Körperschwankungen zunehmen und der Mensch ins Schwanken gerät.

Bei Höhenangst hilft nur eine Verhaltenstherapie, spezifische Medikamente gegen Akrophobie gibt es nicht.

SO SCHMECKT DER HERBST

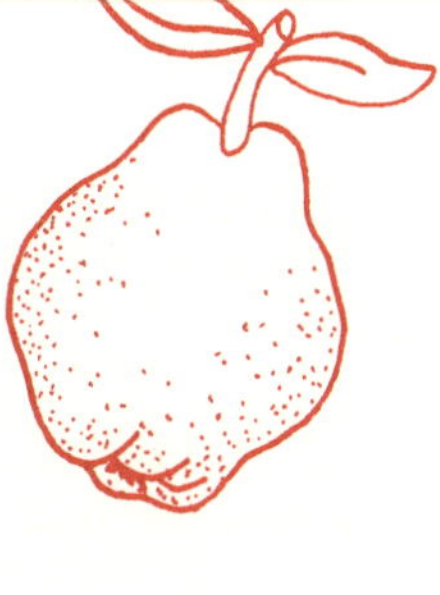

Auf den höher gelegenen Almen und in den Küchen der Berggasthöfe regieren wahre Backkünstler. Würden sie einfach die Rezepte aus einem üblichen Kochbuch (oder dem Internet) nehmen, würden weder Kuchen noch Kaiserschmarren gelingen.

WARUM MAN IN DEN BERGEN ANDERE BACKREZEPTE BRAUCHT

Das liegt am niedrigeren Luftdruck. Er sinkt mit steigender Höhe. Eine Auswirkung davon ist beispielsweise, dass Wasser bereits bei weniger als 100 Grad Celsius zu kochen beginnt. Auch für den Kuchen, der ja eine gewisse Menge Wasser enthält, hat das Folgen. Aus ihm verdampft bei derselben Backtemperatur mehr Wasser als im Flachland. Daher ist der erste Tipp für Bergbäcker: mehr Flüssigkeit verwenden.

Zudem lassen die während des Backens entstehenden Gase den Kuchen aufgrund des reduzierten Luftdrucks deutlich stärker aufgehen. Passt man hier nicht auf, platzen die Zellwände im Kuchen, und er fällt zusammen. Tipp Nummer zwei könnte sein, den Zuckergehalt zu reduzieren, denn dadurch entsteht weniger Kohlendioxid im Teig. Allerdings ist der Kuchen dann weniger süß. Alternativ könnte man auch mehr Mehl verwenden, dadurch behält man das Bläschenproblem im Griff.

Der dritte große Unterschied entsteht durch die bereits erwähnte niedrigere Siedetemperatur von Wasser in höheren Regionen. Der Kuchen wird bei gleicher Backtemperatur nicht so braun. Und ihm fehlt auch der festere Rand. Man könnte nun die Backtemperatur erhöhen, doch das würde den Kuchen nur härter machen. – Gleiches würde passieren, wenn man noch mehr Mehl zugäbe. Also empfiehlt es sich, die Backtemperatur nur moderat zu erhöhen. Schauen Sie sich mal bei der nächsten Bergtour die Kuchen genauer an: Sie werden selten ein verbranntes Exemplar finden, eher ein zu trockenes.

KÄSIGE ANGELEGENHEITEN

Käse essen wir schon seit der Steinzeit. Vor rund 7000 Jahren gab es im Balkanraum die ersten Menschen, die Milch vertrugen. Davor konnten die Menschen aufgrund ihrer Laktoseintoleranz weder frische Milch trinken noch Milchprodukte wie Käse essen. Käsen ist gleichzeitig die älteste Methode, Milch haltbar zu machen.

Ob in kleinen Almhütten in den Bergen oder in großen Fabriken mit Edelstahlbottichen: Das Prinzip des Käsemachens ist dasselbe. Aus roher oder gekochter Milch oder Molke, einem Bestandteil der Milch, entsteht mit Hilfe von Bakterien oder Enzymen Käse. Sie wandeln dabei das Milcheiweiß Kasein um, es bildet Klumpen. Chemiker nennen den Prozess Ausfällen.

Wie macht man verschiedene Käsesorten?

Im Prinzip kann man aus jeder Milch Käse machen. Wir nehmen heute vor allem die von Kühen, Büffeln, Schafen und Ziegen. Je nachdem, von welchem Tier die Milch stammt, schmeckt der Käse unterschiedlich; aber auch aus der Milch derselben Tierart lassen sich unzählige verschiedene Käsesorten herstellen. Eine Rolle spielen: der Fettgehalt der Milch, ob sie pasteurisiert wurde oder noch roh ist, womit die Kühe gefüttert wurden (ob mit Heu, Gras oder Silage), ob Gewürze, Kräuter, Pilze oder sogar Alkohol dazugegeben werden, wie der Käse gelagert wird und wie lange er reift. 5000 verschiedene

Käsearten gibt es weltweit – und nur drei verschiedene Methoden, sie zu herzustellen.

Methode 1: Der Labkäse, auch Süßmilchkäse genannt
Die wichtigste Zutat für den Käser ist das Lab. Es stammt aus dem Magen junger Kälber, sie machen damit die Muttermilch besser verdaubar. Mittlerweile kann es auch künstlich hergestellt werden. Der Käser gibt das Lab in die Milch, die Enzyme im Lab machen die Milch brockig. Die Enzyme Pepsin und Chymosin sind spezielle Verdauungsenzyme. Sie spalten das Kasein so, dass die Milch eindickt, dabei aber nicht sauer wird. Labkäse ist die häufigste Art, Käse zu machen. Das Wissen dafür war bereits in der Antike vorhanden.

Methode 2: Der Molkeneiweißkäse
Käse lässt sich auch aus Molke herstellen. Diese Flüssigkeit bleibt beim Labkäse nach dem Ausfällen des Kaseins übrig. Erhitzt man die Molke auf knapp 95 Grad Celsius und setzt ein Säuerungsmittel zu, werden die darin enthaltenen Eiweiße Albumin und Globulin fest und setzen sich an der Oberfläche ab. Die weiche Masse schöpft man ab, würzt und schlägt sie cremig. Ein typisches Produkt dieser Art ist der italienische Ricotta-Käse.

Methode 3: Der Sauermilchkäse
Hier lassen Milchsäurebakterien die Milch erst sauer werden, sie gerinnt dann und flockt aus. Dabei zerstören die Bakterien die Struktur des Kaseins. So entstehen Frischkäse, Hüttenkäse und Quark, die flüssige Molke

lässt sich leicht von ihnen trennen. Wir können die Käseprodukte direkt genießen, aber in dieser Form ist es eigentlich noch kein Sauermilchkäse. Üblicherweise wird die Sauermilch-Quarkmasse ausgepresst, mit Bakterien- oder Schimmelkulturen versetzt, die den Käse erst zum Reifen bringen. Typische Sorten sind Harzer Handkäse oder Schimmelkäse.

So einen Käse könnten wir auch selbst zu Hause herstellen, indem wir etwa einem Liter warmer Milch einen 500-Gramm-Becher Joghurt beimischen. Der Joghurt ist dabei die schwache Säure, die ausreicht, um die Milch ausflocken zu lassen. Es bilden sich größere, weißliche Gebilde, die in einer gelblichen Molke schwimmen. Diesen Käsebruch müssen wir nur noch abschöpfen, schon haben wir einen lockeren Hüttenkäse. Man könnte ihn, wie Polymerforscher Thomas Vilgis sagt, auch pressen. Dann würde man schnittfesten Käse erhalten, den man sogar anbraten kann. Oder man gibt diese Käsewürfel in ein indisches Curry. Wer so etwas plant, sollte die Milch vorher mit Salz, Pfeffer oder Kumin würzen, entsprechend intensiver schmeckt später der Käse.

Käserezept

Mit Hilfe von Lab lassen sich aus Milch Hartkäse, Schnittkäse, halbfester Schnittkäse und sogar Weichkäse herstellen. Eine Einführung in 12 Schritten:

1. Milch auf 30 bis 32 Grad Celsius erwärmen und ständig umrühren.

2. Lab einrühren.

3. Milch gut eine halbe Stunde ruhen lassen. Die Enzyme aus dem Lab spalten das Milcheiweiß Kasein, die Milch dickt ein, wird dabei aber nicht sauer. Die Masse sieht nun aus wie fester Quark.

4. Mit der Käseharfe die eingedickte Masse (auch Dickete genannt) zu Käsebruch schneiden. Je kleiner der Schnitt ist, umso härter wird später der Käse. Das Käsekorn sollte etwa so groß wie eine Kaffeebohne oder ein Maiskorn sein.

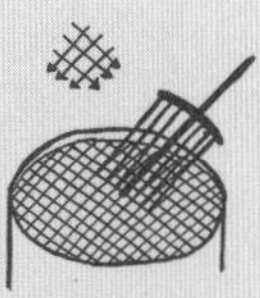

5. Rühren und Vorkäsen.

6. Der Käsebruch setzt sich langsam im Bottich ab.

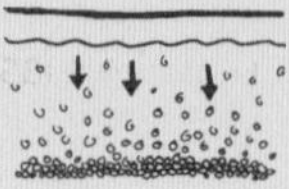

7. Der Käsebruch wird unter ständigem Rühren vorsichtig auf Temperaturen über 50 Grad Celsius erhitzt, hier muss der Käser schnell rühren, sonst gibt es Klumpen. Das Bruchkorn zieht sich weiter zusammen und verliert wei-

ter Molke. Käser nennen diesen Schritt »Brennen«. In dieser Phase lässt sich der spätere Fettgehalt des Käses steuern.

8. Ausrühren. Das dauert etwa 5 bis 15 Minuten, hier entscheidet sich der Trocknungsgrad.

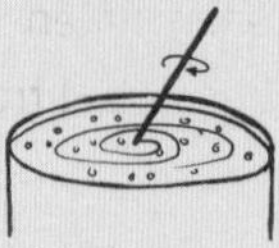

9. Der Käsebruch kommt in sortentypische runde, eckige, flache oder hohe Formen.

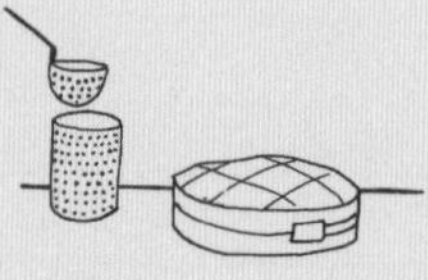

10. Der Käse wird gepresst, um die Molke herauszudrücken. Dann werden die Laibe mehrfach gewendet, die

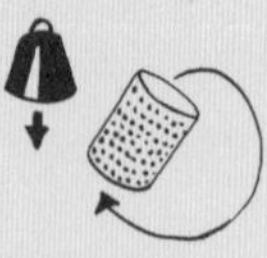

Masse muss dabei warm bleiben. Dies dauert einen ganzen Tag. Fehler dabei führen zu Löchern oder Rissen in den Laiben.

11. Ruhen lassen und in Salzbad tauchen. Das vermeidet

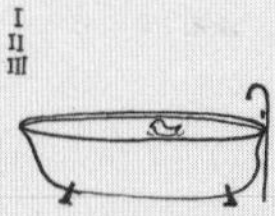

Löcher und führt dazu, dass sich später die Rinde um die Laibe bildet. Der Käse bleibt oft einen Tag im Salzbad.

12. Käse reifen lassen und schmieren. Während der Reife lagern die Laibe oft monatelang kühl und bei hoher Luftfeuchtigkeit. Sie müssen etwa hundertmal gewendet, mit Salzwasser bestrichen, gebürstet oder in Kräutern gewälzt werden. Die Käse wandern dabei in den Regalen langsam aus den kühleren Zonen unten in die wärmeren Regionen oben – und trocknen so.

Wie kommen die Löcher in den Käse?

Diese Frage ist fast schon ein Klassiker, auch die »Sendung mit der Maus« hat sich damit beschäftigt und allerlei lustig gemeinte Antwortversuche (Löcher werden gebohrt oder nachträglich von Robotern gestanzt) angeboten. Die ernstgemeinte Lösung war schließlich, dass Mikroben Kohlendioxid ausgasen, was zu den Löchern führte.

Das stimmt zwar, dennoch bestand das Rätsel um die Käselöcher in der Schweiz nach wie vor. In den letzten 10 bis 15 Jahren nahm die Zahl und Größe der Hohlräume in Käsesorten wie Emmentaler (der Klassiker aller Käse mit Löchern) oder Appenzeller deutlich ab. Man sprach schon vom »Löcherschwund« und war um die Qualität und Originalität des Produkts besorgt.

Jahrelang beschäftigten sich Schweizer Forscher um Dominik Guggisberg von der landwirtschaftlichen Forschungsanstalt Agroscope in Bern deshalb mit der Löcherfrage, scannten im Computertomographen verschiedene reifende Käselaibe zwischen Tag 30 und Tag 130 der Reifung, maßen Fett-, Wasser-, Säure- und Gasgehalt am Ende der Reifung und lüfteten nun das Geheimnis. Winzige, früher häufiger in der Milch vorhandene Heupartikelchen fehlen heutzutage. Sie sind hauptverantwortlich für die Hohlräume. Zudem ist die Milchgewinnung aufgrund technischer Prozesse immer steriler geworden, was lochproduzierende Mikroben schwinden lässt. Doch das Entscheidende ist: Je mehr Heu in der Milch, desto mehr Löcher im Käse.

Guggisberg erklärt den genauen Mechanismus: »Das Heu dient als Ansatzpunkt für das Kohlendioxid, das bei der Reifung des Käses von den Bakterien gebildet wird.« Dem auf die Spur zu kommen war gar nicht einfach. Denn entscheidend sind winzige röhrenförmige Hohlräume in den nur wenige Mikrometer kleinen Heupartikeln. In diese Kapillaren dringt das Gas der Mikroben ein und entfaltet genügend Kraft, um das Loch in den Käse zu drücken. Der Widerstand für Gas ist dort kleiner als im Rest des Käses. Ohne Heustaub verflüchtigt sich das Gas einfach – und dann gibt es eben keine Löcher.

Aufgrund dieser Erkenntnisse verstehen die Schweizer Käseproduzenten nun auch, warum früher ihr im Winter erzeugter Emmentaler fast zu viele Löcher aufwies. Die Kühe standen im Stall, der Futtertrog war voller Heu, die Bauern molken die Kühe direkt im Stall, so dass die Milch danach mit reichlich Heustaub beladen war. Moderne Melkmaschinen zapfen die Milch heute jedoch so sauber ab, dass keine Fremdstoffe aus der Luft eindringen. Abhilfe könnte nun in Hochzeiten der Hygiene sein, dass man nicht nur Lab und Bakterienkulturen der Milch hinzufügen muss, um Käse zu machen, sondern auch eine Prise Heustaub für die Löcher. So lassen sich je nach Dosis die Anzahl der Löcher in den Käsen steuern, sagt Herr Guggisberg.

WENN AUS FRÜCHTEN MARMELADE WIRD

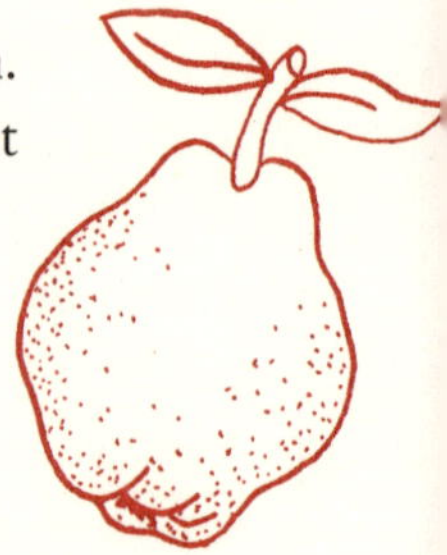

Quitte zum Beispiel ist gerade ziemlich in. Früher war die Quitte ein Exot, zumindest hat kaum einer aus der leicht säuerlichen Frucht Marmelade gemacht. Jetzt finden sich im Internet zuhauf Rezepte. Was letztlich nur allzu verdient ist, denn schließlich ist die Quitte quasi der Namensgeber für Marmeladen an sich, indirekt zumindest, denn auf Portugiesisch heißt Quitte marmelo, auf Griechisch melimelon, also Honigapfel.

In den meisten Rezepten wird empfohlen, rund ein Kilogramm Quitten zu schälen, zu entkernen (die Kerne enthalten giftige, blausäurehaltige Kerne), in Viertel zu schneiden und dann in einem flachen Topf vier bis fünf Minuten weich zu kochen. Zum Quittenmus kann man fein abgeschälte Orangen- oder Zitronenschale hinzugeben, eventuell auch Zitronensaft. Das Ganze kocht man langsam auf und fügt noch Gelierzucker nach Bedarf hinzu. Gewürze wie Zimt oder Geschmacksnuancen wie Pfirsichlikör sind ebenfalls möglich. Vor dem Abfüllen in vorgewärmte, ausgekochte (also sterile) Gläser schaut man bei der fertigen Marmelade, ob sie auch fest genug ist, dann lässt man sie abkühlen. Fertig.

Prinzipiell kann man so auch andere Fruchtmarmeladen machen. Schaut man sich die Rezepte an, variiert letztlich nur die Menge und die Art des Gelierzuckers oder des normalen Zuckers. Warum ist das so? Und was passiert eigentlich beim Marmelademachen wirklich?

Ich möchte das mal anhand der Quitte erklären. Die in Mitteleuropa wachsenden Sorten sind in der Regel zu hart und schmecken zu bitter, als dass man sie roh verzehren könnte. Ernten sollte man die Früchte, wenn sie noch nicht voll gereift sind. Überreife Früchte verderben leicht.

Marmelademachen ist, chemisch betrachtet, eine trickreiche Sache. Im Wesentlichen sind drei Inhaltsstoffe entscheidend: Pektine, Zucker und Säuren. Sie müssen in optimalem Verhältnis zueinander stehen, das ist die Kunst. Sind die Zutaten nicht richtig dosiert, ist die fertige Marmelade entweder zu flüssig, zu süß oder zu fad oder verdirbt leicht.

Pektine

Pektine sind entscheidend dafür, dass Marmeladen ihre Streichfestigkeit bekommen. Die langkettigen Zuckermoleküle sind natürliche Inhaltsstoffe von Früchten, sie kommen in Pflanzenzellwänden vor, vorwiegend in Schalen und in Kernen von Früchten. Sie festigen auch Blüten und Blätter von Pflanzen. Früchte wie Äpfel, Quitten und Orangen enthalten zwischen einem halben und gut 3 Prozent Pektin, Schalen von Zitrusfrüchten wie Zitrone oder Orange sogar 30 Prozent, weiche Früchte wie Erdbeeren oder Kirschen dagegen praktisch gar keines.

Beim mehrminütigen Kochen der Frucht, also etwa der geviertelten Quitten aus dem eingangs beschriebenen Rezept, lösen sich die langkettigen Pektine aus der Frucht und können sich über molekulare Reaktionen aneinander binden. Sie bilden eine dreidimensionale, gelartige Netzwerkstruktur. Die dafür notwendige Temperatur liegt bei etwa 104 Grad Celsius, daher ist das Kochen des Obstes wichtig. Die in den Früchten vorhandenen Wassermoleküle werden dabei von der Gelstruktur quasi eingefangen. Chemiker sprechen davon, dass Pektine eine hohe Gelierkraft haben, weshalb sie auch in der Medizin, Pharmazie und Kosmetikindustrie eingesetzt werden.

Früchte mit sehr niedrigem Pektingehalt wie Erdbeeren, Himbeeren oder Brombeeren brauchen Hilfe beim Gelieren. Hier muss man unbedingt kommerziell erhältliche Pektine zugeben, sie sind in sogenannten Gelierzuckern enthalten. Oder aber Früchte mit hohem Pektingehalt beimischen. Wenn man beispielsweise wie im Quittenrezept Orangen- oder Zitronenschalen wählt, erhöht man den Pektinanteil deutlich. Aus solchen Schalen oder anderen pflanzlichen Rohstoffen mit hohem Pektingehalt, etwa den Schalenrückständen beim Pressen von Apfelsaft, produzieren Firmen jährlich 40 000 Tonnen Pektin weltweit, das dann beispielsweise Gelierzucker beigegeben wird. Pektine sind, physikalisch betrachtet, die idealen Verdickungsmittel.

Prinzipiell sind Pektine auch in warmem Wasser sehr gut löslich, was ungewöhnlich ist für langkettige Moleküle. Bestimmte Bestandteile der Pektine, sogenannte

Carbonsäure-Gruppen, sorgen dafür, dass sich die Pektinmoleküle gegenseitig abstoßen und keine engere Bindung untereinander eingehen können – was aber für die Verfestigung der Marmelade dringend notwendig wäre. Hier kommt nun eine weitere wichtige Komponente jeder Marmelade ins Spiel, der Zucker.

Zucker und Säure

Marmeladen enthalten im Durchschnitt zwischen 65 und 69 Prozent Zucker! (Das bedeutet, dass in einem 450-Gramm-Glas industriell gefertigter Marmelade rund 100 Stück Würfelzucker stecken.) Einerseits ist der Zucker für den Geschmack sehr wichtig, andererseits beeinflusst er aber auch das Verhalten der Pektine während des Gelierens. Er zieht Wasser aus den Hydrathüllen der Pektine, die Moleküle können sich so annähern und über Wasserstoffbrücken ein dreidimensionales Netzwerk bilden.

Doch meist reicht dieser Effekt des Zuckers noch nicht aus. Die dritte wichtige Komponente beim Marmelademachen sind die Säuren. Ohne sie würde keine geleeartige Masse aus den gekochten Früchten entstehen. Da die Carbonsäuren im Pektin normalerweise negativ geladen sind, stoßen sie sich gegenseitig ab, so wie sich gleich geladene Teilchen immer abstoßen. So können sie sich nicht zu einer gelartigen Struktur verbinden. Über den sogenannten pH-Wert kann dies beeinflusst werden. Er ist ein Maß für den sauren oder basischen Charakter einer Flüssigkeit oder Lösung. Wasser hat beispielsweise einen neutralen pH-Wert von 7, Säuren haben niedrigere, Basen und Laugen höhere pH-Werte. Liegt der pH-Wert in der Fruchtpampe etwa bei 3, herrschen ideale Bedingungen für den Gelierprozess. Dafür können zum

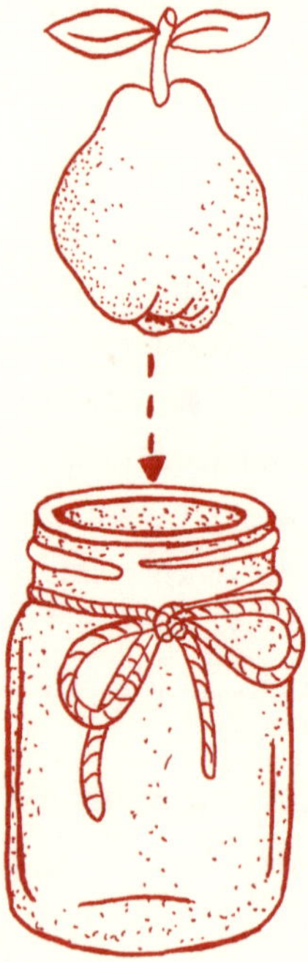

Beispiel Zitronensäure oder Apfelsäure sorgen, die in vielen Früchten enthalten sind. Sie sind zudem für den säuerlichen Geschmack verantwortlich.

In vielen Obstsorten ist jedoch nicht ausreichend Säure enthalten. Die Quitte enthält beispielsweise keine Zitronensäure, sondern nur Apfelsäure. Daher tauchen in

Quitterezepten (und auch in vielen anderen Marmeladeanleitungen) die Beigaben Orangensaft oder Zitronensaft auf. Sie sorgen chemisch dafür, dass sich die Pektinmoleküle nicht mehr abstoßen und die gewünschte gelartige, streichfeste Struktur der Marmelade liefern. Mit der Art des Zuckers kann man die Konsistenz und den Süßegrad der Marmelade steuern. Süßere Marmeladen verwenden Frucht zu Zucker im Verhältnis 1:1, weniger süße in Verhältnissen bis 3:1. Zu wenig Zucker verhindert aber das Gelieren, zudem hat der Zucker noch einen konservierenden Effekt. Weniger zuckerhaltige Marmeladen verderben schneller. Da die Gelstruktur in der Marmelade dann nicht genügend Wasser binden kann, nutzen es Mikroben und Schimmelsporen für ihr Wachstum.

WARUM WERDEN ÄPFEL BRAUN, WENN MAN SIE SCHNEIDET?

Ein frisch geschnittener Apfel sieht knackig aus, die Schnittkante glänzt. Wenn man aber bei einem Ausflug mundgerecht aufbereitete Apfelecken auspackt, hält sich die Begeisterung meist in Grenzen. Sie schauen nicht mehr appetitlich aus, die Oberfläche ist braun. Wenn wir einen Apfel schneiden oder schälen, verletzen wir mit dem Messer Zellen, ein leicht klebriger Saft benetzt die Klinge. Bereiche mit unterschiedlichen Funktionen, die zuvor getrennt waren, geben nun ihre Inhaltsstoffe frei. Polyphenole und Enzyme wie Polyphenoloxidase verbinden sich und reagieren mit dem Sauerstoff aus der Luft. Chemiker nennen das Oxidation. Entscheidend für die Bräunung sind die Enzyme, sie beschleunigen die Reaktion, deshalb dauert die Verfärbung auch höchstens eine halbe Stunde.

Prinzipiell ist der Vorgang aus Sicht des Apfels eine Art Wundheilung. Er will sich vor Bakterien, Pilzen und Schimmelsporen schützen. Er bleibt auch braun noch gesund.

Ein beliebtes Hausmittel gegen braune Äpfel ist, sie mit Zitronensaft zu beträufeln.

Das Vitamin C im Zitronensaft nennen Chemiker Antioxidans, was bedeutet, dass es eine Oxidation verhindert. Die Zitronensäure schafft ein saures Milieu, die Enzymreaktion stoppt. Das Vitamin C reagiert mit dem

Sauerstoff und oxidiert – und zwar so lange, bis es aufgebraucht ist. Danach werden auch mit Zitronensaft beträufelte Äpfel braun. Apfelsorten mit hohem Vitamin-C-Gehalt bräunen übrigens nicht so schnell, Boskop oder Jonagold etwa.

Alternativ können wir die Äpfel auch in Wasser tauchen oder schnell in Frischhaltefolie packen, das hält den Sauerstoff zumindest eine Weile weg von der Schnittfläche. Auch kühle Lagerung hilft ein bisschen, es verlangsamt die Reaktion der Enzyme. Es ist immer besser, geschnittenes Obst (auch Bananen, Birnen) im Kühlschrank zu lagern.

Beim Kochen stoppt man übrigens ebenfalls die Aktivität der Enzyme, deshalb dunkelt gekochtes Apfelmus nicht weiter nach.

Europäische Integration

An apple a day keeps the doctor away: Offenbar wirkt dieser Spruch im Alltag. Denn statistisch gesehen sind **Äpfel** das beliebteste Obst der Deutschen. Knapp 25 Kilogramm pro Jahr und Person essen wir durchschnittlich. Im Jahr 2014 wurden 1,16 Millionen Tonnen deutsche Äpfel gepflückt, das sind 80 Prozent allen geernteten Obstes. Dabei ist der Apfel eigentlich gar keine heimische Frucht. Die ersten Äpfel wuchsen vor knapp **12 000 Jahren** im heutigen Kasachstan. Die dortige Großstadt Almaty heißt »Stadt der Äpfel«. Über alte Handelswege kam der Apfel in der Antike in den Mittelmeerraum, wo ihn die Griechen und Römer kultivierten und so populär machten, dass später viele danach neu eingeführten und anfangs noch unbekannten Früchte wie Quitten, Melonen, Ananas oder Avocados anfangs ebenfalls Apfel genannt wurden.

Die am zweithäufigsten angebaute Frucht in Europa ist die **Erdbeere.** Die *Fragaria ananassa* mit ihrer großen Frucht ist eine Kreuzung der im 18. Jahrhundert vom amerikanischen Sankt-Lorenz-Strom importierten Scharlach-Erdbeere und der 1714 entdeckten **Chile-Erdbeere,** sie hat also rein amerikanische Wurzeln. Immerhin wuchs hier mit der sehr viel kleineren Waldbeere ein einheimischer Verwandter, den schon die Steinzeitmenschen kannten und aßen, wie archäologische Funde belegen. Wer auf zutiefst einheimische Obstsorten Wert legt, sollte auf Birne und Kirsche zurückgreifen, sie haben einen europäischen Ursprung.

Die Grundbirne, manchmal auch Erdapfel genannt, bekannter aber unter dem Namen **Kartoffel,** ist mit fast 400 Millionen Tonnen jährlicher Ernte eines der wichtigsten Nahrungsmittel der Welt. Auch in Deutschland belegt sie mit **11,6 Millionen Tonnen** den ersten Platz. Sie stammt aus dem Andenraum, wo es eine Vielzahl heimischer Arten gibt.
Allein in Peru sind rund 3000 Sorten bekannt. Fast **13 000 Jahre** alt sind die ältesten Nachweise wilder Kartoffeln im Süden Chiles. Nach Europa kamen sie über die spanischen Eroberer, wohl zunächst 1562 auf die Kanarischen Inseln. Die Deutschen mussten per kaiserlichem Dekret zum Anbau gezwungen werden. Friedrich II. erließ 1756 seine sogenannten **Kartoffelbefehle,** einen klaren Auftrag, den Anbau der Kartoffel durchzusetzen und »denen Herrschaften und Unterthanen den Nutzen von Anpflantzung dieses Erd Gewächses begreiflich zu machen«.

Ein weiteres populäres Nachtschattengewächs war ursprünglich auch eine Fremde: Die **Tomate** hat ihre Heimat in Mittelamerika. Die Maya kultivierten die *xitomatl* vor gut 2000 Jahren, Kolumbus brachte sie nach Europa. Bis heute existiert die Tomate ausschließlich als Kulturpflanze, es gibt nahezu keine wild wachsenden Exemplare.

Bei der **Zwiebel** ist es ähnlich, und das macht ihre Herkunftsbestimmung nicht leicht. Die ältesten Hinweise auf die Küchenzwiebel als Heil- und Gemüsepflanze stammen aus Ägypten und dem Zweistromland. Sogar im Grab von Pharao Tutanchamun tauchen Zwiebelreste auf. Arbeiter an den Pyramiden wurden mit Zwiebeln bezahlt. Der 3800 Jahre alte **Codex Hammurabi** (die Stele befindet sich im Louvre in Paris), einer der ältesten Gesetzestexte der Welt, legt Zwiebelrationen für Arme fest. Auch eine der ältesten Schriftquellen, eine 4000 Jahre alte sumerische Keilschrifttafel, enthält Beschreibungen zu Zwiebel- und Gurkenfeldern.

Damit deutet sich schon an, dass auch die **Gurke** nicht aus Europa stammt. Ihre Heimat liegt wohl in Indien, dort findet sich jedenfalls die Wildform. Über den Orient kam sie nach Europa und war schon bei den Römern sehr beliebt. Sie sei das Lieblingsgemüse von Kaiser Tiberius gewesen, schreibt der Dichter Plinius der Ältere. Bei schlechtem Wetter seien Gurken extra für ihn hinter Glaswänden vor Regen und Kälte geschützt worden.

DER ZWEITE JAHRESBEGINN

In mancherlei Hinsicht beginnt das Jahr erst im Herbst. Schule und Universität öffnen ihre Pforten nach der Sommerpause. Und auch in manch einem Wirtschaftszweig startet man im Herbst frisch und hoffnungsfroh mit einer riesigen neuen Produktpalette: in der Modebranche genauso wie im Buchgeschäft. In Frankreich wird jährlich zum Ende der Sommerferien die »Rentrée littéraire« ausgerufen, die Rückkehr der Bücher. In Deutschland findet jeden Oktober die weltgrößte Buchmesse statt: die Frankfurter Buchmesse. In Mailand, Paris und New York starten die großen Modenschauen für das kommende Jahr. Und auch die Politik setzt verstärkt auf den Herbst: die Bundestagswahlen finden in der Regel in dieser Jahreszeit statt.

Im Herbst, wenn sich das Wetter abkühlt und wir wieder mehr Zeit in Innenräumen verbringen, steht »geistige Arbeit« wieder hoch im Kurs. Der Herbst ist wie ein geistiger Neustart, ein Vorausschauen auf Kommendes. Schauen wir uns also zunächst den Ort an, der für manche ein echter Neustart ist: die Schule. Er ist ein erster wichtiger Ort des Wissens (zumindest sollte er das sein).

SCHULANFANG

Es gibt ein Foto von mir mit meiner Schultüte. Ich stehe auf einem Stuhl, die Tüte in meinem Arm überragt mich und den kleinen Baum, der am Garteneingang zur Straße hin stand. Warum ich mit meiner Tüte auf einem Stuhl stand, weiß ich nicht mehr. Aber das machte die Komposition des Bildes perfekt. Vermutlich wollte ich an diesem Tag einfach möglichst groß sein. Es war ein gewaltiger Schritt ins Leben. Die Tüte war voller Süßigkeiten, ich erinnere mich noch an Eispralinen und die Zuckeruhr mit den bunten Perlen, die man abbeißen konnte. Die Uhr zeigte aus irgendeinem Grund 7.30 Uhr. War das die Zeit, zu der ich künftig das Elternhaus verlassen musste?

So begann die Schule. Woher die Schultüte kam, war mir damals egal. Hauptsache, sie war randvoll.

Woher kommt die Schultüte?

Der Brauch stammt aus Deutschland, wohl aus der Anfangszeit des 19. Jahrhunderts. Man wollte den Kindern den Weg in die Schule, also hin zum »Ernst des Lebens«, im wörtlichen Sinne versüßen. Die ersten Schüler, die in den Genuss dieses Brauchs kamen, stammten wahrscheinlich aus Thüringen und Sachsen. In Berichten aus Jena, Dresden und Leipzig ist von Zuckertüten voller Konfekt die Rede. Angeblich durften die Schüler die Tüten von einem Baum im Schulgarten pflücken. Dort waren sie – so die Geschichte – jahrelang gewachsen und nun bereit für die Ernte. Anderen Kindern erzählte man die Geschichte vom Brezelbaum, an dem die Schulbrezeln hängen. Er stünde auf dem Dachboden der Schule (manchmal auch im Keller). Die Schulanfänger bekamen vom Lehrer in den ersten Schultagen diese Brezeln überreicht. Mancherorts gab es auch gebackene Buchstaben.

Der lokale Brauch breitete sich nach Böhmen und Schlesien aus und erreichte schließlich auch Berlin. Der Schriftsteller Erich Kästner schrieb in seinen Erinnerungen »Als ich ein kleiner Junge war« über den ersten Schultag von den kleinen, mittelgroßen und riesigen Zuckertüten: »Meine Zuckertüte hättet ihr sehen müssen! Sie war bunt wie hundert Ansichtskarten, schwer wie ein Kohleneimer und reichte mir bis zur Nasenspitze! Ich saß vergnügt auf meinem Platz, zwinkerte meiner Mutter zu und kam mir vor wie ein Zuckertütenfürst.«

Die ersten kommerziell gefertigten Papierschultüten bot die Firma Nestler im Jahr 1910 an. Nach dem Zweiten Weltkrieg gaben die Wohlstandsjahre im Westen der Republik der Schultüte den entscheidenden Schwung. In den vergangenen Jahren wurden die Schultüten oft mit neuen Inhalten gefüllt; es tauchen immer mehr »sinnvolle« Dinge auf wie Stifte, Trinkflaschen oder Wecker. In Zeiten, in denen es Süßes im Überfluss gibt, schenken gesundheitsbewusste Eltern natürlich keine Tüte voller Zucker mehr. Die Schultüte soll die Kinder für den neuen Lebensabschnitt begeistern. Volkskundler bestätigen, dass sie tatsächlich auch nie einen anderen Zweck hatte. Der große Tag, an dem ein neuer, streng reglementierter Lebensabschnitt beginnt, soll zum Fest werden – um die Schüler zu motivieren und den Übergang so angenehm wie möglich zu gestalten. Man könnte das Ritual als Versuch der positiven Prägung begreifen.

Wie viel vergisst man in den Ferien?

Kinder in südlichen Ländern haben oft zwei, manchmal wie in Griechenland oder Italien sogar drei Monate Sommerferien. Auch die USA machen so lange Pause. Doch nicht Pädagogen plädierten dort jeweils für die XXL-Ferien, es hatte meist historische, auf die Landwirtschaft bezogene Gründe. Kinder mussten früher bei der Ernte auf den Feldern mithelfen.

Amerikanische Bildungsforscher untersuchten, ob solche langen Pausen stärker zum Vergessen des Schulstoffs führen als in der Summe gleich lange, aber auf kürzere Abschnitte verteilte Ferien. Das Fazit: Während längerer Ferien vergessen Kinder tatsächlich Inhalte, aber so richtig dramatisch ist das nicht. Schlimmstenfalls verlieren sie in drei Monaten Pause rund einen Monat Lerninhalt. Mathematik ist hier am ehesten gefährdet, weit mehr als Sprachen beispielsweise. Die Bildungsforscher erklären sich das so, dass Kinder möglicherweise im Durchschnitt weniger Spaß daran haben, Matheaufgaben zu lösen, und deshalb das Erlernte weniger gut im Gedächtnis bleibt. Andererseits würden Kinder in den Ferien schon mal freiwillig zu einem Buch greifen und so den sprachlichen Sektor quasi in Schwung halten. Viel wichtiger als die Länge der Pause sei, wie man sich die Themen angeeignet hat. Die Art des Lernens, auch der emotionale Erlebnisanteil, hat einen Einfluss. Ideal wäre es also für manche Schüler, wenn sie nur so zum Spaß in den Ferien ein paar Matheaufgaben lösen würden. So könnten sie ihr Wissen mit relativ wenig Aufwand aktiv halten. Höre ich da eben Begeisterungsstürme aufbranden ob dieses Vorschlags?

Wie wichtig sind Hausaufgaben?

Kinder auf weiterführenden Schulen stöhnen regelmäßig über die große Last der Hausaufgaben. Wissenschaftler der Universität Oviedo geben ihnen nun umfassend recht. Als sie das Lernverhalten von 14-jährigen Schülern untersuchten, war das Ergebnis eindeutig: Wer mehr als 70 Minuten pro Tag Hausaufgaben macht, kann sich in Fächern wie Mathematik oder Naturwissenschaften nicht weiter verbessern. Im Gegenteil: Mehr als 90 Minuten täglich verschlechtern die Ergebnisse sogar langfristig. Ideal sei etwa ein Arbeitspensum von einer Stunde. Den Schülern gehen solche Nachrichten vermutlich runter wie Öl.

Wichtiger sei eine weitere Erkenntnis, so die Forscher. Für den Lernerfolg ist es essenziell, dass die Lehrer ihre Aufgaben regelmäßig stellen und systematisch gut aufeinander aufbauen. Ziel sei es nämlich, die Schüler dazu zu erziehen, selbständig zu lernen und ihre Aufgaben unabhängig und ohne Hilfe von anderen zu lösen. Wem ständig die Eltern über die Schultern schauen, arbeitet letztlich weniger konzentriert und motiviert. Pausen zu machen, abzuschalten und sich geistig auch mit völlig anderen Dingen zu beschäftigen ist auch wichtig für einen langfristigen Erfolg.

WARUM DIE SCHULE VIEL ZU FRÜH STARTET

Da ich kein Morgenmensch bin, bin ich von Natur aus solidarisch mit allen müden Kindern auf diesem Planeten, die viel zu früh in die Schule gehen müssen. Der typische Morgen sieht bei Kindern doch so aus: Sie drehen sich nach dem Wecken lieber noch mal im nachtwarmen Bett um, stehen möglichst spät auf, wirken leicht verlangsamt, reagieren auf Bitten zögerlich bis genervt, sitzen am Frühstückstisch und essen praktisch nichts. Ich beobachte Phasen, in denen sie minutenlang regungslos verharren.

In diesem Zustand schicken wir unsere Kinder in die Schule, um acht Uhr ist Beginn, an manchen Schulen sogar noch 15 Minuten früher. In dieser Verfassung müssen sie dann quadratische Gleichungen lösen oder die Metamorphosen des Ovid übersetzen. Kann das gutgehen?

Chronobiologen sagen: Nein. Bei zu frühem Schulbeginn leiden Lernfähigkeit und Gesundheit. Vor allem Teenager zwischen 14 und 17 Jahren sind betroffen. Sie bräuchten mindestens neun Stunden Schlaf (ihr Gehirn baut sich gerade um, das dauert ...). Laut einer aktuellen Studie der Universität Marburg schlafen sie aber nur etwas mehr als sechseinhalb Stunden.

Interessant ist auch der Vergleich Wochentag/Wochenende: Am Wochenende schnellte die Zeit im Bett sofort auf die gesunden neun Stunden hoch. 68 Prozent der Schüler gaben an, sie würden gern länger schlafen wollen. Da hört man schon den Kommentar mancher Lehrer (übrigens mehrheitlich dem Chronotyp Lerchen zugehörig), dass sie dann doch einfach abends früher zu Bett gehen sollten. Doch Schlafforscher sagen, dass gerade Jugendliche einen anderen biologischen Rhythmus hät-

ten und um 20 Uhr noch nicht müde seien. Man könne nicht einfach den Biorhythmus verändern. Ein späterer Schulbeginn sei für Kinder schlichtweg besser. Mediziner mahnen zudem, das Thema Schlafdefizit bei Kindern ernst zu nehmen. Sonst seien Magen- oder Darmbeschwerden, Kopfschmerzen, Schwindel oder psychische Probleme die Folge.

Der britische Schlafforscher Russell Foster von der Universität Oxford kämpft seit Jahren für einen späteren Schulbeginn: »Alles ist besser als 8 Uhr. 8.30 Uhr ist ein Anfang, 10 Uhr wäre noch viel besser.« Vor allem die

Teenager nimmt er in Schutz. »Teenager sind nicht faul. Die armen. Sie sind biologisch dazu veranlagt, spät zu Bett zu gehen und spät aufzustehen. Lassen wir sie doch in Ruhe!« Auch der Münchner Chronobiologe Till Roenneberg bestätigt dies: »Für Schüler, die um acht oder früher in der Schule sein müssen, startet der Unterricht biologisch gesehen mitten in der Nacht.« Die morgendliche Übermüdung ist übrigens kein westliches Phänomen, es taucht in allen Kulturen der Welt auf.

Dass Müdigkeit zu schlechteren Leistungen führt, ist naheliegend. Besonders betroffen sind Schüler, die von ihrem Chronotyp eher zu den Eulen, den Langschläfern, gehören. Sie können sich morgens schlechter konzentrieren und zudem neue Lerninhalte schlechter abspeichern. Die Schule nimmt auf Chronotypen keine Rücksicht. Sie ist prinzipiell eher auf Frühaufsteher ausgerichtet – wie überhaupt große Teile unserer Gesellschaft und unseres Arbeitslebens seit der Einführung der Schichtarbeit.

Forscher der Universität Groningen untersuchten jüngst genauer, ob bei Leistungstests an Schulen ein Chronotyp Vorteile habe oder alles gerecht zugehe. Das Ergebnis ist klar: Die Eulen unter den Schülern und die, die sich nicht ausgeschlafen fühlten, schnitten deutlich schlechter ab, vor allem dann, wenn die Prüfungen in den ersten Schulstunden bis 9.45 Uhr stattfanden. Die Lerchen, die Frühaufsteher also, hatten bessere Noten. Im Sport würde man von Wettbewerbsverzerrung sprechen. Der an der Studie beteiligte Forscher Thomas Kantermann fordert, die Klausuren grundsätzlich auf den frühen Nachmittag in die Zeit nach 12.45 Uhr zu verlegen. Zu dieser Zeit gab es keine Unterschiede.

Der britische Schlafforscher Russell Foster startete jüngst einen bis 2018 laufenden Versuch an hundert britischen Schulen, dort verlegte man den Schulbeginn auf 10 Uhr. Foster weist in Vorträgen auch immer wieder darauf hin, wie stark sich gesellschaftlich unsere Haltung zum Schlaf geändert habe. Seit der Erfindung der Glühbirne bekämpften wir den Schlaf, statt ihm seine Berechtigung zuzugestehen. Thomas Edison formulierte seine Haltung so: »Schlaf ist eine frevelhafte Zeitverschwendung und ein Überbleibsel aus unserer Höhlenzeit.« Wir benützten seit Edison das künstliche Licht, um weiter in die Nacht einzumarschieren und die Dunkelheit zu besetzen, meint Foster. Sollte damit nicht endlich mal Schluss sein? Die Studienlage zumindest ist eindeutig.

NUTZEN WIR WIRKLICH NUR ZEHN PROZENT UNSERES GEHIRNS?

Irgendwann war der Mythos in der Welt, dass der Mensch nur zehn Prozent seines Gehirns nutze. Wer diese Idee als Erster verbreitet hat, lässt sich nicht mehr mit Sicherheit sagen. Doch vermutlich war es der amerikanische Psychologe und Autor William James, der diese Ansicht in seinem Aufsatz »The Energies of Men« im Fachjournal *Science* im Jahr 1907 kundtat: »Wir nutzen nur einen kleinen Teil unserer geistigen und körperlichen Möglichkeiten.« Die Äußerung wurde auch Albert Einstein zugeschrieben, der sie angeblich gebrauchte, um seinen überragenden kosmischen Verstand zu erklären. Doch auch das ist wohl ein Mythos.

Die Idee vom nicht ausgeschöpften Gehirn mit seiner brachliegenden grauen Masse fiel jedenfalls auf fruchtbaren Boden und hält sich bis heute. Vielleicht hat das auch etwas damit zu tun, dass wir uns selbst so beschränkt fühlen. Wir möchten mehr leisten können, mehrere Bereiche unseres Gehirns dauerhaft aktivieren können, wir möchten klüger, schneller und kreativer sein. Manche Hollywood-Filme spielen mit dieser Möglichkeit: Sie erzählen von chemischen Wunderdrogen, die uns zu Höchstleistungen animieren, indem sie Zugang zu sonst verschlossenen Hirnarealen schaffen und die Verarbeitungsgeschwindigkeit in unserem Gehirn drastisch erhöhen.

Doch das ist alles Unsinn. Bislang haben Forscher noch keine funktionslosen Regionen in unseren Gehirnen entdeckt. Wir nutzen jeden Bereich, unser Gehirn ist praktisch die gesamte Zeit über aktiv, sagt der amerikanische Neurologe Barry Gordon.

Alles andere würde auch allen Prinzipien der Evolution widersprechen. Das menschliche Gehirn verbraucht rund 20 Prozent der verfügbaren Energie in unserem Körper und macht dabei aber nur rund 2 Prozent des Gewichts aus. Wir könnten es uns nicht leisten, ein Luxusorgan zu unterhalten – und wir hätten es sehr wahrscheinlich auch gar nicht in dieser Form entwickeln können. Selbst im Schlaf sind noch mehr als 10 Prozent aller Gehirnareale aktiv.

Unser Gehirn hat abgesehen davon auch einiges zu tun: Es steuert die Atmung, filtert Eindrücke von außen, verarbeitet alle Sinneswahrnehmungen. Es speichert und verwaltet Informationen, trifft Entscheidungen und bereitet sie vor. Es unterscheidet Wichtiges von Unwichtigem. Sogar nachts, wenn wir schlafen, bereitet es neu erlernte Inhalte auf, schichtet Informationen vom Kurz- ins Langzeitgedächtnis. Kurz: Es hält uns am Leben und verschafft uns parallel auch noch etwas, das wir als »Bewusstsein« bezeichnen.

Wir haben Hunderte Milliarden Nervenzellen, sie ermöglichen die Signalübertragung von den Sinnesorganen ins Gehirn und umgekehrt. Die Nervenzellen sind untereinander verbunden und kommunizieren über Botenstoffe und Aktionspotenziale. All diese Neuronen haben eine Funktion im Gehirn. Würden sie nämlich brachliegen und einige Zeit nicht mehr an aktiven Prozessen teilnehmen, würde unser Gehirn sie abzubauen beginnen – auch wenn sie an sich noch gesund sind. Genau das passiert etwa nach Unfällen oder Hirnschäden aufgrund von neurodegenerativen Erkrankungen. Diese Zellen sind unwiederbringlich verloren. Neue Nervenzellen werden nur an zwei Orten im Gehirn gebildet, im Hippocampus, einer Region, die hauptsächlich für räumliche Orientierung zuständig ist, und im Riechzentrum, dem sogenannten olfaktorischen Bulbus. Unsere Nervenzellen müssen also aktiv bleiben, um zu überleben. Es gibt auch Fälle, wo sie sozusagen umgeschult werden. Bei erblindeten Menschen übernehmen bisweilen ehemalige Sehregionen Funktionen beim Hören, sie werden dabei einfach neu verdrahtet. Neurologen sprechen deshalb auch vom plastischen Gehirn, es ist ein überaus flexibles Netzwerksystem.

Es ist also klüger, unser Gehirn zu beschäftigen, es sollte sich nicht langweilen, sondern ständig neue Herausforderungen bekommen, damit es nicht brachliegt. Gehirntraining erweitert zwar nicht unsere Kapazitäten, aber es festigt bestehende Verbindungen und stärkt die Vernetzung. Wenn wir aktiv bleiben, schaffen wir es, dass aus den 100 Prozent nicht langsam nur noch 90 Prozent werden und das Gehirn degeneriert. Dann hätten wir es geschafft, 10 Prozent an verfügbarer Leistung zu erhalten. Und das ist eine ganze Menge.

WOZU BRAUCHEN WIR NOCH DIE HANDSCHRIFT?

Kürzlich habe ich mal wieder eine Postkarte geschrieben, als Urlaubsgruß. Meine Kinder schreiben mittlerweile auch Karten an ihre Freunde, sogar mehr als ich. Mir gefällt das, ich habe manchmal ein Faible für altmodische Dinge. Aber nicht nur aus nostalgischen Gründen ist eine Postkarte oder ein Brief eine gute Sache. Handschriftliche Notizen sind auch aus wissenschaftlicher Perspektive wichtig.

Wer sich Dinge notiert, merkt sie sich besser, sagen Forscher. Der Einkaufszettel ist ja einer der wenigen Orte, an denen sich die Handschrift immer noch gegen das Smartphone behauptet. Hat es Sie nicht auch schon mal verblüfft, dass man die Liste oft im Laden gar nicht mehr braucht? Mit der Hand zu schreiben sei außerdem gut für unsere Motorik und beflügele die Kreativität, sagen Wissenschaftler.

Wir machen zudem weniger Rechtschreibfehler. Tippen wir neue Wörter etwa in unser Smartphone oder iPad, bietet uns das System nach kurzer Zeit schon komplette Wortvarianten an, die wir dann nur noch wählen müssen. Mit der Hand zu schreiben ist ein wesentlich komplexerer motorischer Vorgang, so speichern wir den (hoffentlich) richtig geschriebenen Begriff auch im Gedächtnis ab. Studien von Neurowissenschaftlern bestätigen, dass Kinder so schneller lernen, sehr ähnliche Buchstaben wie d und p oder b und q auseinanderzuhalten. Wir vollziehen offenbar bei der Erinnerung tatsächliche motorische Bewegungen im Geiste nach.

Amerikanische Psychologen zeigten, dass Studenten Inhalte einer Vorlesung besser behalten konnten, wenn sie sich handschriftliche Notizen machten, vor allem wenn es galt, komplexe Zusammenhänge zu erfassen. Der Grund: Wir müssen beim Notieren immer den Inhalt sinnvoll zusammenfassen, weil wir sonst zu langsam wären (es sei denn, wir stenographieren, aber das kann fast niemand mehr). Wir müssen also nachdenken und beschäftigen uns bereits beim Notieren intensiv mit den Inhalten.

WARUM GANZE CD-REGALE IN EINEN MP3-PLAYER UND BÜCHERREGALE IN EIN E-BOOK PASSEN

Ein Bekannter wunderte sich kürzlich, dass auf seinem MP3-Player inzwischen ganze Opernzyklen Platz hätten. Er ist Opernfan und hört morgens auf dem Weg zur Arbeit immer Arien. Das Gerät selbst hat die Größe einer Streichholzschachtel. Man muss nicht in die Steinzeit der Unterhaltungsmedien (also in meine Jugendzeit) gehen und den guten alten Kassettenrekorder bemühen, um festzustellen, dass still und leise im Hintergrund eine Revolution stattgefunden hat, die entscheidend mit den Speichermedien zu tun hat. SD-Speicherkarten sind mittlerweile in allen Medien, die digitale Informationen – also Bilder, Musikdateien oder Texte – aufbewahren wollen. Sie sind in Smartphones, Tablets, MP3-Playern, E-Books, Fotoapparaten und Rechnern. Alle anderen Datenträger verschwinden zunehmend, inzwischen sogar die Festplatten aus den Computern. Das spart enorm Platz, denn die neuen Speicher sind oft weniger als 1 Quadratzentimeter groß. Zum Vergleich: Herkömmliche Festplatten messen zwischen 4,5 und 9 Zentimeter im Durchmesser. Die neuen kleinen Abspielgeräte und auch die leistungsfähigen Smartphones wären ohne die neuen Speicher nicht möglich.

Die Speichermedien der kommenden Jahre heißen also SD, Mini- oder Micro-SD oder SSD. Herzstück dieser kleinen Karten ist in allen Fällen der sogenannte Flash-Speicher, er kommt auch in USB-Sticks vor. Ich möchte mal anhand eines SSD-Speichers erklären, wie solche Flash-Speicher funktionieren.

Der Name SSD (Solid State Drive/Disk) ist irreführend, denn im Speichermedium gibt es, anders als bei einer Festplatte, weder ein Laufwerk noch eine Scheibe. Man benannte sie lediglich als Pendant zur normalen Festplatte, dem Hard Disk Drive, so.

SSDs haben mehrere Vorteile gegenüber bisherigen Festplattenspeichern. Sie enthalten keine beweglichen Teile und sind deshalb unempfindlich gegen Stöße. Sie können nicht brechen, erhitzen nicht bei Dauerbeanspruchung und verbrauchen sogar weniger Energie. Der größte Vorteil ist aber die Geschwindigkeit, mit der sie Daten speichern können. Normale Festplatten bestehen aus rotierenden Magnetschreiben, auf die ein Schreib- und Lesekopf Daten schreibt oder ausliest. Um ein bestimmtes Segment auf der Scheibe zu erreichen, muss diese an die richtige Stelle rotieren, das dauert im Durchschnitt eine halbe Scheibenumdrehung. Mit Hilfe der maximal möglichen Umdrehungsgeschwindigkeit (sie ist meist beim Kauf einer Festplatte angegeben und liegt bei 5400 bis 7200 Umdrehungen pro Minute) ergibt sich die Zugriffszeit.

Bei SSD-Speichern fehlen solche mechanischen Teile, deshalb sind sie dreimal so schnell wie Festplatten und haben erheblich kürzere Zugriffszeiten.

Ein SSD-Chip nutzt Flash-Speicher, das sind dauerhafte Speicher, die elektrisch gelöscht werden können. Im Fachjargon heißen sie Flash-EEPROM (electrically erasable programmable read only memory). Flash meint, dass man schlagartig (blitzschnell) einzelne Bereiche löschen kann. Über verschiedene angelegte Spannungen kann man auf Transistoren in den Speichern 0 und 1 schreiben und die Information auch wieder löschen.

Die SSDs haben dabei zwei verschiedene Typen von Speicherzellen, solche, die nur ein Bit (also die Information 0 oder 1) speichern, und solche, die zwei, drei oder vier Bit speichern. Die Zellen werden auf einem SSD-Chip hintereinander zu einer Linie aus 1024 Transistoren zusammengeschaltet. Solche Einheiten lassen sich immer in einem Zug beschreiben oder löschen. Steuert man diese Speicher geschickt an, spart man enorm viel Platz, auf kleinstem Raum haben dann bis zu 256 GByte Daten Platz. Die einzelnen Speicherzellen sind zudem in den vergangenen Jahren noch mal deutlich kleiner geworden, nach 34 Nanometer (millionstel Meter) messen die kleinsten Zellen aktuell 25 Nanometer. All das zusammen erklärt die geringe Größe der SSDs.

Einen Nachteil aber haben die neuen Speicher. Sie nutzen sich schneller ab als Festplatten. Denn um Nullen und Einsen zu schreiben, muss jeweils eine hohe Spannung anliegen, dies nutzt die Isolationsschicht auf den Transistoren langsam ab. Ist die Schicht weg, kann dieser Speicherplatz keine Informationen mehr behalten, er fällt aus. Die Speicher nutzen sich nur beim Schreiben und Löschen von Daten ab, nicht aber beim

Lesen. Da man im Durchschnitt deutlich häufiger gespeicherte Daten wie Texte oder Fotos anschaut (also ausliest) als neue Daten hinzufügt oder alte löscht, hält sich der Abnutzungseffekt in Grenzen. Bis zu 100 000-mal lässt sich eine einzelne Zelle löschen und neu beschreiben, dann ist sie kaputt. Jeder SD-Speicher hat

etwa 10 Prozent an Zellen in Reserve, um ausgefallene Bereiche zu ersetzen, ohne dass wir es merken.

Das größte Know-how bei den SD-Speichern steckt in einer klugen Verwaltung der Daten. Das ist eine eigene Kunst. Komplizierte Algorithmen auf einem eingebauten Chip steuern den Datenstrom möglichst so geschickt, dass die gespeicherten Informationen nicht zu oft umsortiert und umgeschrieben werden müssen. Letztlich entscheidet es über die Qualität eines Produkts, wie gut dieser Kontroll-Chip seinen Job erledigt. Für die Transistoren selbst gibt es weltweit nur eine Handvoll Hersteller, sie sind also in der Qualität vergleichbar.

Doch irgendwann ist Schluss mit dem Speichern. Nach rund zehn Jahren geben SSDs ihren Geist auf.

Wie lange lassen sich gespeicherte Informationen lesen?

Das Problem der neuen Speicher (und auch ihrer Vorgänger auf Diskette oder rotierender Festplatte) ist ihre begrenzte Haltbarkeit. Die Daten müssen ständig umkopiert werden, um sie zu erhalten. Denn Töne oder Videos lassen sich praktisch gar nicht auf länger haltbaren Datenträgern wie Mikrofilm konservieren. Unser Hightech-Zeitalter wird künftige Historiker sicher vor einige Rätsel stellen. Sowohl die Datenträger selbst wie die Abspielgeräte sind oft schon nach einem Jahrzehnt unrettbar verloren. Es sieht so aus, als sei die Jetztzeit ein Zeitalter mit überaus kurzer Haltbarkeit.

Haltbarkeit von Speichermedien

Stein	über 5000 Jahre
Mikrofilm	über 1500 Jahre
Papier (säurefrei)	über 500 Jahre
Papier (säurehaltig)	über 50 Jahre
VHS-Kassette	30 Jahre
DVD/CD-Rom	10–30 Jahre

Magnetband	10 Jahre
SSD	10 Jahre
Festplatte	5–10 Jahre
SD/USB-Stick	3–10 Jahre
Goldene Platte an Bord der Sonden Voyager 1 und 2	1 Milliarde Jahre

Die Goldene Platte an Bord der Raumsonde Voyager 1, die im September 2013 unser Sonnensystem verlassen hat, ist der haltbarste Datenträger. Auf der Schutzhülle sind die wichtigsten Erklärungen symbolisch dargestellt, unter anderem wie man die Datenplatte abspielt. Beigelegt ist eine Nadel zum Abspielen. Die Zeichnungen wollen die Position der Erde im Sonnensystem erklären,

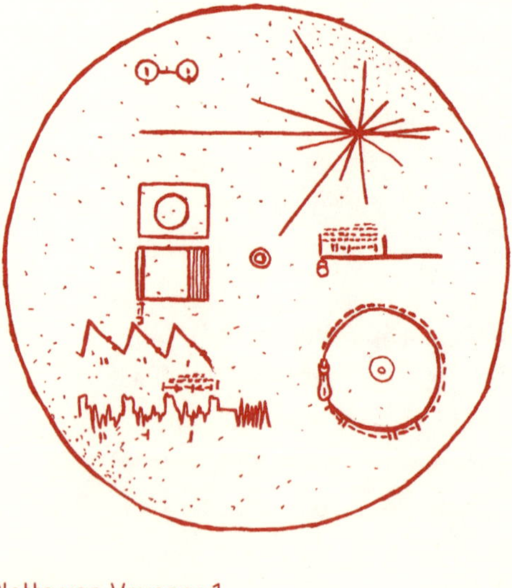

Goldene Platte von Voyager 1

zudem die charakteristische Schwingungsfrequenz eines Wasserstoffatoms. Die vergoldete Kupferplatte selbst hat einen Durchmesser von 30 Zentimetern: »The sounds of earth« steht in großen Lettern darauf, der Klang der Erde. Sie enthält Wörter in 55 Sprachen, darunter der deutsche Satz »Herzliche Grüße an alle«, Geräusche wie ein lautes Donnern oder Musik von Beethoven, Mozart oder Louis Armstrong. Darüber hinaus finden sich darauf auch 115 analog auf der Datenspur abgespeicherte Bilder, etwa eine säugende Mutter oder die Skyline einer Großstadt, ein Eiskristall und die Forscherin Jane Goodall mit Schimpansen. Vermutlich wird all das sehr viel länger überdauern als alle anderen Hinterlassenschaften der Menschheit auf Erden. Fragt sich nur, ob diese Botschaft tatsächlich jemand finden und entziffern wird.

OKTOBERFEST – KÖNIGIN ALLER HERBSTFESTE

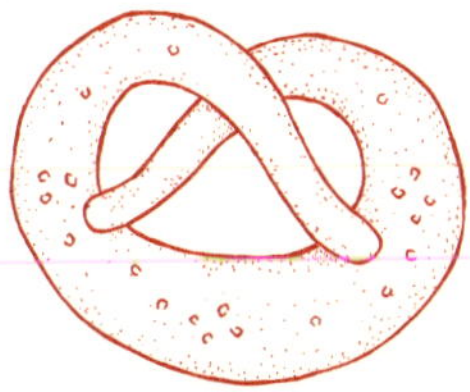

Ich habe eine besondere Beziehung zum Oktoberfest. Ohne das Fest gäbe es mich nicht. Also nicht so direkt, wie Sie jetzt vielleicht denken. Das wäre auch nicht unbedingt die Art von Anfang, die man sich angesichts mancher Szenen hinter den Zelten wünschen würde. Nein, meine Eltern haben sich tatsächlich auf dem Oktoberfest kennengelernt, im Schottenhamel, dem Bierzelt also, in dem jährlich das Großereignis mit dem Anstich des Oberbürgermeisters »O'zapft is!« und der folgenden ersten Maß Bier beginnt.

WARUM TRAGEN BEIM OKTOBERFEST ALLE TRACHT?

Das Oktoberfest auf der Münchner Theresienwiese – die Wiesn, wie sie Münchner nennen – ist das bekannteste Volksfest der Welt. Das Oktoberfest ist das größte Exportgut Bayerns, innerhalb Deutschlands und der Welt. Von New York über Cincinnati oder Blumenau in Brasilien bis nach Qingdao in China feiert man das Oktoberfest – im preußischen Hannover findet alljährlich das größte innerdeutsche Oktoberfest außerhalb Münchens statt. Selbst in Australien wurde ich schon regelmäßig bei der Frage, wo ich denn herkomme, darauf angesprochen: Oh, Munich, Oktoberfest. Great! Das ist die nüchterne Wahrheit zum Deutschlandbild in weit entfernten Regionen der Welt. Deutschland = Oktoberfest. Und Tracht.

Nur wie kam diese eigenartige Symbiose zustande, wie ist das Oktoberfest so berühmt geworden und welche Rolle spielt dabei die Tracht? Auf den alten Fotografien meiner Eltern trägt praktisch niemand Dirndl oder Lederhose. Heute ist das anders.

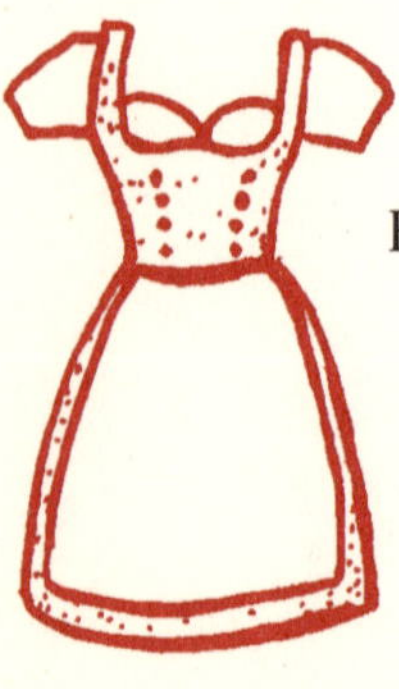

Man kann den Selbstversuch machen und mal mit, mal ohne Tracht auf die Wiesn gehen. Ich kann nur sagen: Es ist ein Unterschied. Ohne Tracht fühlt man sich schnell als Außenseiter. Der Dresscode: Dirndl für

die Frauen, das je nach Geschmack lang und traditionell oder knapp und knallbunt ausfallen kann, aber gern ein üppiges Dekolleté haben darf; für die Männer knielange Lederhose, ein blau- oder rot-weiß-kariertes Hemd, gestrickte Strümpfe, optional zusätzlich Wadenwärmer und leicht klobige Haferlschuhe.

Ein besonderer Auslöser lässt sich nicht feststellen, klar ist aber, dass seit Beginn der 2000er Jahre ein Trend zur Be-Trachtung der Wiesn nicht zu übersehen ist. Noch nie war die Lederhosen- und Dirndldichte so hoch wie heute. Zurück zu den Wurzeln, könnte man denken, zur traditionellen Kleidung also. In ihrem Buch »Phänomen Wiesntracht« zeigt die Volkskundlerin Simone Egger, dass dies nicht stimmt. Die heutige sogenannte Tracht, die uns in Dirndln und Lederhosen überall begegnet, war von Beginn an ein städtisches Konstrukt.

Streifzug durch die Wiesn-Geschichte

Die Geschichte beginnt mit einer Hochzeit. Der künftige König Ludwig I. feierte im Oktober 1810 die Hochzeit mit Therese von Sachsen-Hildburghausen. Fast eine Woche dauerten die Feierlichkeiten, ganz München war dabei. Als krönenden Abschluss ließ Ludwig I. ein Pferderennen auf einer Wiese vor den Toren Münchens abhalten, die man zu Ehren seiner Gemahlin ab sofort »Theresienwiese« nannte.

Bei den Einheimischen kamen die Feierlichkeiten und vor allem das Pferderennen so gut an, dass man die Sache im Jahr darauf einfach wiederholte. Das Oktoberfest war geboren. In Tracht kam anfangs aber praktisch niemand, auch nicht die vielen Besucher aus dem Münchner Umland, die sich das Fest nicht entgehen lassen wollten. Für die Gäste gab es bald einen Bierausschank, überdachte Festzelte, Losbuden und erste Jahrmarktsattraktionen. Allerdings waren auch diese noch eine Nummer kleiner und weniger technisch als heute: Sackhüpfen, Kegeln und Auf-Baumstämme-Klettern waren die Renner.

Den ersten größeren Trachtenumzug gab es zur Silberhochzeit des Königspaars im Jahr 1835. Ludwig I. war seit zehn Jahren König von Bayern. In dieser Zeit waren Hirschlederhosen (als Pumphosenersatz) und zweiteilige Miedergewänder für seine Untertanen ein Zeichen, wie sehr man mit der Heimat verbunden war. Sie zu tragen war ein nationales, also eher politisches Symbol. So war auch die Tracht auf dem Oktoberfest angekommen.

Gegen Ende des 19. Jahrhunderts wurden immer mehr Schausteller auf der Wiesn heimisch, sie zeigten Absurditäten und Sensationen. Dazu gehörten die dicksten Menschen genauso wie »Giraffenhalsfrauen«, der noch heute berühmte Schichtl faszinierte die Massen mit seiner »Enthauptung einer lebendigen Person mittels Guillotine« sowie mit der »Frau ohne Unterleib«.

Rund um sein 100-jähriges Jubiläum war das Oktoberfest bereits ein überregionales Großereignis. Trachten kamen damals in München in Mode – allerdings wählten die Münchner diese angeblich historische Kleidung eher, wenn sie zur Sommerfrische in die nahe gelegenen Berge fuhren. Auf dem Oktoberfest kamen Lederhose oder Dirndl, nun ein einteiliges, ärmelloses Kleid mit weißer Bluse und Schürze (also den heutigen Exemplaren sehr ähnlich), eher zum Einsatz, weil sich die Träger darin malen oder fotografieren lassen wollten. Es war eine Inszenierung, ein lustvolles Verkleiden.

Nach der Weltkriegspause kam das Volksfest erst in den 1950er Jahren langsam wieder in Schwung. Ende der 60er Jahre trugen die Bedienungen in den Bierzelten Dirndl als Arbeitskleidung. Der Tracht verpassten ausgerechnet die modern inszenierten Olympischen Spiele den entscheidenden Schub. Alle 1200 offiziellen Hostessen traten im kurzen, weiß-blauen Dirndl auf, darunter auch die künftige schwedische Königin Sylvia Sommerlath – so begeisterte sie auch ihren späteren Gemahl. Die »bavarian gemutlichkeit« wird zum Exportschlager. Touristen aus aller Welt kommen nach München zum Oktoberfest, die Wiesn wird als Prototyp eines Volksfests weltweit kopiert. Alle Welt sieht in der Tracht das typisch Bayerische, auch wenn diese mit Tradition rein gar nichts zu tun hat.

Zum Erfolg als Massenprodukt trug sicher bei, dass es mittlerweile Dirndl und Lederhosen in jeder Preiskategorie gibt. Viele Besucher nehmen sich die Kleidung als Souvenir mit. Eine Busladung japanischer Trachtenträger ist keine Seltenheit mehr. Fazit: Tracht und Oktoberfest entstanden zu einer ähnlichen Zeit, eine richtige Symbiose sind sie eigentlich erst in den vergangenen

Jahrzehnten eingegangen. Beide sind letztlich große Gleichmacher, das war zu Zeiten Ludwigs I. so, das ist letztlich auch heute in den riesigen Bierzelten so. Vor dem Fass sind alle Brüder (und Schwestern).

Seit 1872 beginnt das Oktoberfest schon im September. Grund ist das kühle Wetter im Oktober. Eröffnet wird stets am Samstag nach dem 15. September, Ende des Festes ist traditionell der erste Sonntag im Oktober.

Oktoberfest-Wissen

Der schlechteste Anzapfer unter Münchens Bürgermeistern war Thomas Wimmer im Jahr 1950, er brauchte unerreichte **19 Schläge.** Ihm gebührt allerdings auch das Verdienst, das Anzapfen eingeführt zu haben.

Münchens Oberbürgermeister Erich Kiesl rief im Jahr 1978 nach dem Anstich: **»Izapft is«.** Das gilt nach wie vor als größte Panne auf der Wiesn.

Den Weltrekord im Maßkrugtragen hält der Bayer Oliver Strümpfel, er stemmte im Oktober 2014 insgesamt 27 gefüllte Bierkrüge und brachte den 62,1 Kilogramm schweren Turm aus Bier und Glas 40 Meter weit ins Ziel.

Der Wiesnhit Nummer eins »Ein Prosit der Gemütlichkeit« mit dem obligatorischen **»Oans, zwoa – gsuffa!«** kommt gar nicht aus Bayern, sondern aus Chemnitz. Der sächsische Musiker Bernhard Dittrich komponierte das Lied, das erstmals 1912 auf dem Oktoberfest erklang.

Nie wurde mehr Bier ausgeschenkt als im Jahr 2011: 7,9 Millionen Maß. Mit 1,16 Litern pro Besucher war der Durchschnittswert 2009 und 2012 am höchsten.

Essensrekorde: 1999 wurden **681242 Brathendl** verspeist, im Jahr 2011 118 Ochsen.

1985 war das Jahr mit der höchsten Besucherzahl: **7,1 Millionen Menschen** kamen aufs Oktoberfest. Rund 72 Prozent der Wiesn-Gäste stammen aus Bayern, 9 Prozent aus dem Rest der Republik – und 19 Prozent von noch weiter her. Von den ausländischen Gästen sind 17 Prozent der Besucher Italiener, sie halten den Rekord in »größte Gruppe der Besucher aus dem Ausland«.

Das größte Bierzelt aller Zeiten war das Pschorr-Bräu-Rosl-Zelt von 1913 mit gut **12 000 Sitzplätzen,** aktuell fasst das größte Zelt noch **10 000 Menschen,** es ist die Hofbräu-Festhalle. Herbert Rosendorfer schrieb dazu: »Das sind unvorstellbar riesige Zelte, in denen es vor Menschendampf wie in einem Stall riecht.«.

Das höchste Wiesn-bedingte Bußgeld musste eine volltrunkene Frau zahlen. Sie stürzte im Jahr 2006 beim Schunkeln, rammte dabei einen Mann hinter ihr, der schlug sich mit dem Krug einen Zahn aus. Die Strafe des Gerichts: 500 Euro.

Traditionell führt **das Münchner Kindl** den Einzug der Wiesnwirte auf einem Pferd an: Berühmtestes Kindl war die Pumuckl-Autorin Ellis Kaut 1938 (mit 18 Jahren).

Albert Einstein, Nobelpreisträger und Verfasser der Relativitätstheorie, arbeitete als Lehrling auf dem Oktoberfest. Für die Elektrofirma seines Vaters schraubte er Ende des 19. Jahrhunderts im Schottenhamel-Zelt Glühlampen in die Fassungen.

2,7 Millionen Kilowattstunden verbrauchen Fahrgeschäfte und Bierzelte auf dem Oktoberfest – so viel wie tausend Haushalte in einem Jahr.

Sowohl das 25. Oktoberfest-Jubiläum 1835 als auch die Jubiläumsjahre 1910 (100 Jahre Wiesn) und 1985 (175 Jahre) fielen mit dem Auftauchen des Halleyschen Kometen zusammen.

Insgesamt wurde die Wiesn in ihrer über 200-jährigen Geschichte wegen Seuchen, Wirtschaftskrisen oder Kriegen insgesamt 24-mal abgesagt.

WER HAT DAS BIER ERFUNDEN?

Auch wenn in Bayern die älteste Brauerei der Welt steht (in Weihenstephan bei München) und die Bayern gern auf das in Ingolstadt (meine Geburtsstadt) erlassene Reinheitsgebot hinweisen: Der Ursprung des Bieres ist in einer ganz anderen Region der Welt zu suchen. Es ist ein Gebiet, das wir erst einmal gar nicht mit Alkohol in Verbindung bringen. Das Bier entstand in Mesopotamien, zwischen den Flüssen Euphrat und Tigris, im heutigen Südosten der Türkei, in Syrien und im Irak.

Die frühesten Spuren finden sich in der ältesten Tempelanlage der Menschheitsgeschichte. Dort am Göbekli Tepe in der heutigen Südosttürkei feierten Menschen vor 12 000 Jahren große Feste, sagen Archäologen, und tranken dazu Bier. Sie brauten es aus Einkorn, einem Vorläufer des Weizens, das in der Region um den nah gelegenen Vulkan Karacadağ domestiziert wurde. Es gibt Theorien, nach denen vor 10 000 Jahren der Ackerbau nur erfunden wurde, um den Wunsch nach Berauschung zu erfüllen – bzw. den dafür nötigen Nachschub an Getreide sicherzustellen. Der Münchner Evolutionsbiologe Josef Reichholf hält das nahrhafte Getränk für den Grund, warum die Menschen sesshaft wurden: »Am Anfang war das Bier!«, formulierte er griffig. Aus dem Festplatz sei ein fester Platz geworden, wo sich alle dem »wohldosierten Drogengenuss« hingaben.

Viele Hinweise deuten darauf hin, dass tatsächlich bereits vor 10 000 bis 12 000 Jahren die Idee entstand, aus Getreide ein alkoholisches Lebensmittel zu machen. Am Göbekli Tepe fanden Archäologen große Steinwannen, die zum Bierbrauen verwendet worden sein könnten. Die ersten Bierbrauer könnten eine Art Kaltmaischverfahren angewendet haben, meint Bierbrauer und Forscher Martin Zarnkow. Geschrotetes Malz und Wasser vergären dabei schon bei 45 Grad Celsius, Stärke entsteht. Aus dem unlöslichen Stärkemolekül im Getreide wird löslicher, fermentierbarer Zucker und daraus mit Hilfe natürlicher Hefen dann Alkohol.

Die frühesten bekannten Quellen zu einem Brauverfahren sind einige rund 6000 Jahre alte Tontäfelchen aus Mesopotamien. Die Herstellung von Brot und Bier war eng miteinander verbunden, beide waren Grundnahrungsmittel und Bestandteil praktisch jeder Mahlzeit. Bier war nährstoffreich und damals auch weniger keimbelastet als Wasser.

Es gab zu diesem Zeitpunkt in den Städten bereits die ersten Kneipen, die Bier ausschenkten. Die meisten von ihnen wurden übrigens von Frauen geleitet, wie zahlreiche Schriftquellen vermerken. Das Zeichen für Bier ist eines der ältesten Schriftzeichen überhaupt: Ein Krug mit trichterförmigem Hals, breiten, gerundeten Schultern und einem spitz zulaufenden Gefäßkörper, dessen Inhalt durch zahlreiche Striche angedeutet wird. Trinkhymnen entstanden, es gab vor mehr als 5000 Jahren sogar eine Göttin des Biers und des Alkohols. »Wer das Bier nicht kennt, weiß nicht, was gut ist. Das Bier macht ein Haus angenehm«, war ein altes sumerisches Sprichwort.

Die Braukultur breitete sich dann nach Ägypten aus. Dort erlebte die Braukunst eine erste Blüte, Biere in vielen Varianten entstanden, die meisten hatten geringen Alkoholgehalt. In Europa erfanden die Kelten später unabhängig vom Orient das Bierbrauen noch einmal. Sie galten als kräftige Biertrinker, wie römische Quellen vermerkten.

Die Fähigkeit, Alkohol zu konsumieren und zum Beispiel vergorenes Fallobst auch zu verwerten, haben Menschen und ihre frühen Vorfahren schon seit zehn Millionen Jahren, das stellten Genetiker erst kürzlich fest. Die Basis für Getränke wie Bier oder Wein war also früh gelegt worden. Erst seit wenigen Jahrtausenden nutzen wir sie so richtig.

WER HAT DIE BREZEL ERFUNDEN?

Wer im Bierzelt zu seiner frischen Maß Bier genüsslich eine Riesenbrezel isst, kommt sicher nicht auf den Gedanken, dass dieses Gebäck einst Bestandteil kultischer Handlungen war. Die damals noch runde Brezel wurde nämlich in frühchristlicher Zeit zum Abendmahl gereicht. Die ersten Christen hatten das schon in der römischen Antike bekannte Ringbrot übernommen. Erst im 9. Jahrhundert änderte sich die Gestalt, die runde Brezel wurde erst zu einer Art Doppelsechs (wobei eine Sechs gespiegelt war) und dann zu der heute gebräuchlichen Form zweier ineinander verschlungener Brezelarme. Dergestalt war die Brezel als Fastenbrot im Einsatz, Klöster verteilten sie auch an Arme und Kinder.

Die Brezel hatte also durchaus schon früh eine sehr wichtige gesellschaftliche Rolle inne. Dies spiegelt sich auch in der Vielzahl ihrer Entstehungslegenden wider. Barbara Kosler und Irene Krauß haben in ihrem Buch »Die Brez'l«, einer Kulturgeschichte des Laugengebäcks, ein paar amüsante Anekdoten gesammelt. Eine erzählt davon, dass das Vorbild der verschlungenen Arme einst die gekreuzten Arme eines Mönchs gewesen seien. Eine andere schildert, dass sie das Ergebnis eines Spiels auf Leben und Tod gewesen sei. Ein gewisser Bäcker Frieder aus Urach war bei seinem Herrn, dem Grafen Eberhard, in Ungnade gefallen und zum Tode verurteilt worden. Eine letzte Chance gestand ihm der Graf zu: Er solle ein Gebäck herstellen, durch das »dreimal die Sonne scheint«. Drei Tage hatte er dafür Zeit. Frieder verbrachte fast die gesamten drei Tage mit panischen Versuchen, ein entsprechendes Gebäck herzustellen. Vergeblich. Am letzten Tag stand seine Frau schließlich mit verschränkten Armen im Türnahmen. Verschlungene Arme – das war die Idee, die ihm das Leben rettete.

Solche Geschichten beschreiben zwar nicht wirklich die historischen Anfänge der Brezel, aber sie zeigen, welche Bedeutung sie damals hatte. Die Brezel war prominent genug, dass man sich Legenden über sie erzählte. Ab dem Jahr 1300 fand sich die Brezel auch in vielen Zunftsiegeln wieder, als Teil des Wappens. Die heutige übliche Laugenbrezel erfand dann einer weiteren Legende nach der Münchner Bäcker Anton Nepomuk Pfannenbrenner – per Zufall. Am 11. Februar 1839 soll er die Brezel statt in Zuckerwasser versehentlich in Natronlauge gehalten haben, das zum Putzen der Bleche bereitstand. Fertig war das erste Laugengebäck.

In Regensburg fanden Archäologen Anfang 2015 an einer Ausgrabungsstätte nahe der Donau eine gut 250 Jahre alte verkohlte Brezel. Es ist die älteste erhaltene Brezel der Welt. Dort, nahe der Donau, wo gerade die Baugrube für ein Museum ausgehoben wird und gar nichts mehr nach Bäckerei aussieht, war – wie historische Protokolle belegen – einst im Jahr 1753 am ehemaligen Hunnenplatz Nr. 3 der Bäckermeister Johann Georg Held heimisch. Die gefundene Brezel war ihm wohl verkohlt, und er hatte sie in eine Kuhle im Hinterhof der Bäckerei entsorgt.

POPP-POPP-POPCORN!

Man riecht die karamellig-würzige Note schon von weitem. Popcorn gehört zum Oktoberfest so wie der Bratapfelzimtduft zur Adventszeit. Meist verkaufen die Mandelstände das Popcorn dann in langen, schlauchförmigen Tüten, was ich immer ein wenig enttäuschend finde, weil der Plastikschlauch den herrlichen Geruch einengt und eher zerstört. Popcorn enthält etwa 20 verschiedene Aromastoffe, darunter ist neben dem Geruch nach Kokosfett, Karamell und würzigen Komponenten auch ein Hauch Kaffeegeruch. Die meisten Menschen erkennen Popcorn sehr schnell am Geruch.

Der Popcorngeruch

Amerikanischer Forscher haben jüngst versucht, die grundsätzlichen Geruchskategorien der Menschen neu einzuteilen. Sie definieren dabei ausgerechnet Popcorn als eine von zehn grundlegenden Geruchskategorien. Vor hundert Jahren formulierte der deutsche Riechforscher Hanns Henning die Idee eines Geruchsprismas, dessen vier Ecken der Grundfläche die Basisgeruchsqualitäten blumig, fruchtig, würzig und harzig bilden, dazu kommen noch die Kategorien faulig und brenzlig. Gerüche von Nelke, Thymian oder Vanille lassen sich zwischen würzig und blumig einordnen. Der mittlerweile verstorbene deutsche Aromaforscher Günther Ohloff nahm später noch grün, holzig, animalisch und erdig hinzu, ihn

interessierten vor allem Geruchs-Struktur-Prinzipien. Die amerikanischen Forscher um Jason Castro definierten nun zehn neue grundlegende Geruchskategorien: wohlriechend, holzig-harzig, fruchtig (aber nicht zitronig), faulig-krank, chemisch, pfefferminzig, süß, ekelerregend, zitronig und eben popcornartig. Insgesamt 144 monomolekulare Riechstoffe ordnen die Forscher so statistisch in zehn Gruppen mit Haupt- und Untereigenschaften zu. Popcorn ist dabei rauchig-nussig, warm, erdig und eher schwer. »Europas Parfumeure werden über die neuen Kategorien bestimmt die Nase rümpfen. Popcorn! Ein Basisduft? Allerhöchstens in Disneyland«, schreibt die Wochenzeitung *Die Zeit* über die Studie.

Doch Popcorn ist kulturell vor allem in westlichen Ländern absolut positiv besetzt. Die aufgeplatzten, gepufften Maiskörner kannten bereits Indianer in Nord- und Südamerika. Man fand in der Coxcatlan-Höhle im heutigen Mexiko, der Bat Cave in New Mexico und in verschiedenen Höhlen in Peru immer wieder uralte Maiskörner. Die ältesten Körner sind fast 6000 Jahre alt, es waren Körner von Wildsorten. Die Einheimischen begannen wohl erst vor rund 3000 bis 3500 Jahren, Mais zu kultivieren und so höhere Erträge zu erzielen. Mais war dann eine sehr wichtige Pflanze für die Ureinwohner. Sie ließen ihn schon in der Hitze aufpoppen, um ihn zu essen. Es gibt Berichte, wonach die Mediziner der Azteken Puffmais ins Feuer warfen und anhand der Form und Flugrichtung der aufgepoppten Körner die Zukunft vorhersagten.

In einem Grab in Peru fanden Archäologen etwa 1000

Jahre alte Körner. Das bedeutet, dass es in der einstigen indianischen Welt eine wichtige Rolle gespielt haben muss, sonst hätte man die Körner nicht den Toten mit auf die Reise gegeben.

Nach Deutschland kam das Popcorn übrigens erst nach dem Zweiten Weltkrieg, als Snack auf Jahrmärkten und Volksfesten. Die Deutschen akzeptierten es erst so richtig, als es gesüßt wurde.

Wie fanden Popcorn und Kino zueinander?

Um die Jahrhundertwende zum 20. Jahrhundert gab es die ersten Filmvorführräume, und weil man in den USA einen Nickel (fünf Cent) Eintritt zahlen musste, nannte man die oft in Einkaufsstraßen gelegenen Ladenkinos »nickel odeon«. Die Filme waren kurz und ohne Ton, in den Pausen sangen die Leute zusammen mit einem Mitglied der Betreiberfamilie – und es gab Snacks von fliegenden Händlern, darunter vereinzelt auch schon Popcorn. Aber das war noch eher die Ausnahme.

Schuld daran, dass wir heute in Massen Popcorn futtern, ist die Große Depression in den 1930er Jahren, schreibt der amerikanische Ernährungswissenschaftler und Historiker Andrew F. Smith in seinem Buch »Popped Culture«. Kinobetreiber hatten es zuvor meist abgelehnt, Popcorn zu verkaufen. Das würde nicht zum eleganten Charakter der damals recht nobel gestalteten Lichtspieltheater passen. Doch dann gab es quasi aus der Not heraus eine »Zwangsheirat«, wie Smith sie nennt. Die Weltwirtschaftskrise ließ die Bevölkerung verarmen, da war ein günstiger Snack für die Besucher überaus willkommen. Da sich Popcorn sehr billig herstellen ließ, versprach es für die Betreiber satte Gewinne. Auf Popcorn sind so ganze Imperien gegründet worden. Es gibt da etwa die Geschichte von Kemmons Wilson aus Memphis, der als Junge so viel Geld mit Popcorn verdiente, dass er für sich und seine alleinerziehende Mutter ein Haus kaufen konnte – und noch ein bisschen später gründete er die Holiday-Inn-Kette und wurde Millionär.

Während des Zweiten Weltkriegs verstärkte sich die Akzeptanz. Zucker war rationiert, die Süßwarenproduktion kam fast zum Erliegen, bis auf das Popcorn. Aus der Zwangsheirat wurde langsam Zuneigung.

Die nüchternen Zahlen belegen das: Im Jahr 1945 aßen die Amerikaner dreimal so viel Popcorn wie noch zu Kriegsbeginn. Der Kinoboom der Nachkriegsjahre mit dem Erfolg von Hollywood verstärkte den Trend. Seit damals ist Popcorn aus Kinos nicht mehr wegzudenken.

Warum poppt das Popcorn?

Am Anfang ist das kleine Maiskorn in einem heißen Topf, dann gibt es ein kerniges »Popp«, ähnlich wie beim Öffnen einer Champagnerflasche klingt das, und fertig ist die mehr als doppelt so große Popcornflocke. Jüngst haben französische Wissenschaftler um Emmanuel Virot von der École Polytechnique in Palaiseau geklärt, woher das charakteristische Geräusch kommt. Lange dachte man, dass das Aufreißen der Schale der Grund sei oder auch das Aufprallen nach dem Aufpoppen. Hochgeschwindigkeitskameras und hochsensible Mikrofone konnten nun das Rätsel lösen.

Verantwortlich ist der extrem schnell aus dem erhitzten Korn entweichende Wasserdampf. Bei anderen Körnerarten ist die Schale nicht hart genug, um den inneren Druck groß genug werden zu lassen. Im Mais fängt bei Temperaturen über 100 Grad Celsius der Wasseranteil zu kochen an, der Druck steigt im Inneren des Korns wie in einem Dampfkocher – bis schließlich bei etwa 180 Grad Celsius die Schale nicht mehr standhalten kann und aufreißt. Dann lässt der Druck nach, die 20 Milligramm Wasser, die im Mittel jedes Korn enthält, verdampfen schlagartig und entweichen innerhalb einer Zehntelsekunde. Im Korn zurückbleibende Hohlräume regt der entweichende Dampf zum Schwingen an, das Korn ist ein akustischer Resonator, das Poppen ist laut zu hören. Das hochauflösende Mikrofon liefert den exakten Zeitpunkt.

Fast gleichzeitig, exakt zehn Millisekunden später, quellen im Inneren die Stärkekörnchen. An der Unterseite des Korns bildet sich ein stärkehaltiges Bein, es quetscht sich quasi aus der Schale. Dann passiert etwas Schönes, das bislang unbekannt war und sich unserem Auge nur über die Hochgeschwindigkeitsaufnahmen mitteilt. Das Korn scheint kurz auf diesem Bein zu stehen, dann zerspringt es nach 20 Millisekunden, wird schlagartig zum Popcorn und dreht sich dabei eineinhalbmal um seine Achse, es macht einen 540-Grad-Vorwärtssalto um die eigene Achse. Das sei wie Breakdance, schreiben die Forscher.

Die Veröffentlichung im *Journal of the Royal Society Interface* wagt hier eine sehr originelle optische Parallele. Sie vergleichen den Salto des Popcorns mit dem eines nackten Turners aus dem 19. Jahrhundert und verwenden dabei historische Zeitlupen-Aufnahmen des britischen Fotopioniers Eadweard Muybridge, der einst begeistert war von den Details der Bewegung. Das Aufbrechen der Schale sei so wie bei anderen Pflanzen, die ihre Samen herausschleudern, der Salto aber wie der von Tieren oder eben Menschen.

Am Ende verströmt Popcorn seinen besonderen Duft. Das Gute ist, dass Popcorn relativ ballaststoffreich ist. Im Vergleich zu anderen Wiesn-Snacks ist es keine allzu große Kalorienbombe, es hat etwa 360 Kilokalorien pro 100 Gramm.

WIE FUNKTIONIERT EINE ACHTERBAHN?

Die Achterbahn ist eigentlich auch immer das Erste, was man bei der Annäherung an die Münchner Wiesn wahrnimmt, vor allem das Rattern der Züge, die die bunten Ringe des Olympia Looping hochjagen und das Stahlgerippe doch leicht zum Zittern bringen. Ich weiß natürlich, dass so eine Fahrt absolut sicher ist. Doch normalerweise investiere ich eher viel Energie in Ausreden, warum ich mich gerade jetzt nicht dem Nervenkitzel ausliefern mag (»Hab gerade was gegessen« oder »Schau mal, die lange Warteschlange«). Ich liebe lange Schlangen vor Achterbahnen, das hat mir vor Jahren den »Silver Star« im Europapark Rust erspart, eine der schnellsten Achterbahnen Europas. Doch bei der letzten Wiesn nahm mich meine Frau dezent am Arm und offenbarte mir den Wunsch, sich gemeinsam mit mir in die Tiefe stürzen zu wollen. Und da konnte ich schlecht kneifen – beziehungsmäßig hätte mich das leicht ins Hintertreffen gebracht.

Wer eine Achterbahn baut, muss viel über Physik wissen. Es geht nämlich darum, Menschen gezielt so durch die Luft zu schleudern, dass sie zwar einerseits Angst bekommen, andererseits aber in jeder Flugphase sicher sind. »Es geht um die Illusion von Gefahr«, sagte einmal der Ingenieur Rob Decker der Zeitung *Washington Post.* So schadet es nicht, wenn man als Fahrgast auch ein bisschen Ahnung von Physik bekommt, um sich den stähler-

nen und hölzernen Monstern mit etwas weniger Ehrfurcht und mehr Know-how anzunähern.

Psychologen sagen, bei einer Achterbahnfahrt gehe es einfach nur um eine Kontrolle der Angst. Man solle deshalb so wenig wie möglich darüber nachdenken. Nur kurz vor dem Einsteigen sollte man sich über den richtigen Sitzplatz Gedanken machen, denn nicht jeder ist gleich, wie wir später sehen werden.

Start und Aufstieg

Es gibt zwei Methoden, die Fahrt zu starten. Entweder geht es beschaulich den ersten steilen Anstieg hoch, das ist ein bisschen so, als würde der eigene Wagen abgeschleppt, nur dass man diesmal direkt in Richtung Himmel fährt. Manche Achterbahnen starten nicht so sanft, sie beschleunigen auf bis zu 190 Kilometer pro Stunde in weniger als vier Sekunden. Den Rekord hält eine japanische Achterbahn, die ihre acht Fahrgäste in 1,8 Sekunden auf

172 km/h beschleunigt, hier wirken Beschleunigungskräfte von 2,7 g. Nicht viel langsamer macht dies die »Formula Rossa« in der Ferrari-World von Abu Dhabi, sie katapultiert ihre Insassen in 4,9 Sekunden auf 240 km/h, so schießen die Wagen dann eine 52 Meter hohe Rampe hoch, die Startbelastung liegt hier noch bei 1,4 g. Jeder trägt während der Fahrt eine Schutzbrille, herumfliegender Wüstensand wäre zu gefährlich. Die Beschleunigungskräfte drücken die Passagiere in die Sitze und schieben ihre Wangen in Richtung Ohren. Das Nebennierenmark produziert in diesem Moment vermehrt das Stresshormon Adrenalin. Über den Blutkreislauf verteilt es sich und führt dazu, dass unser Herz schneller und manchmal auch unregelmäßiger schlägt und der Blutdruck ansteigt.

Psychologen raten Menschen mit Höhenangst, solche Achterbahnen mit Katapulttechnik zu wählen. Wer mit hohem Tempo in die Höhe schießt, hat keine Zeit, sich mit der Höhe zu beschäftigen, bei einem langsamen Aufstieg ist genau das die kritische Phase.

Die erste Abfahrt

Vom höchsten Punkt einer Achterbahn geht es meist die steilste Abfahrt der gesamten Strecke hinunter. Gefälle von 70 Grad sind keine Seltenheit. Physikalisch wird hier die Höhenenergie in Bewegungsenergie (also Geschwindigkeit) umgewandelt. Beim Olympia Looping geht es in einer leichten Rechtskurve hinunter, dies erleichtert den Fall. Hier bleibt das Gefühl aus, für einen Moment ins Bodenlose zu stürzen. Die steilste Achterbahn aus einem japanischen Vergnügungspark hat ein Gefälle von 121 Grad (!), das heißt, die Wagen fahren nach der Kuppe nach innen, die Mitfahrer stehen kurz fast auf dem Kopf und stürzen dann 43 Meter steil in die Tiefe.

Der Zug beschleunigt dabei, bis der mittlere Wagen den tiefsten Punkt der ersten Senke durchfährt. Hier spüren wir eine Kraft, die nach unten drückt. Physiker nennen sie Zentrifugalkraft, sie ist umso größer, je höher die Geschwindigkeit und je stärker die Kurvenkrümmung ist. Gewichtskraft und Zentrifugalkraft wirken in die gleiche Richtung und verstärken sich. An diesem Punkt ist der Zug am schnellsten. Hier fühlt man sich am schwersten. Der Grund sind die Beschleunigungskräfte, die auf den Körper wirken. Beschleunigung meint dabei nicht nur, dass die Geschwindigkeit tatsächlich zunimmt, sie wird auch hervorgerufen, wenn ein Körper langsamer wird oder die Richtung ändert, also etwa in der Kurve am Ende der Abfahrt oder wenig später auf einer Kuppe.

Wir fühlen uns, als würden wir das Vier- oder Fünffache wiegen. Die Beschleunigungskräfte drücken für Sekundenbruchteile das Blut aus dem Gehirn nach unten in Richtung Füße. Zum Vergleich: Beim Start eines Spaceshuttles wirken nur Kräfte bis zum Dreifachen der Erdanziehungskraft, allerdings deutlich länger. Genau das macht einen großen Unterschied.

Was bewirken hohe g-Kräfte?

Hohe g-Kräfte kann unser Körper dann sehr gut aushalten, wenn sie nur sehr kurz auf uns wirken. Astronauten müssen dagegen beim Start eine minutenlange Belastung wegstecken. Manche werden sich an die Bilder aus dem James-Bond-Film »Moonraker« erinnern, als der Agent in einer Zentrifuge immer mehr beschleunigt wird, bis er schließlich bewusstlos in der Kapsel zusammensackt. Genau das bewirkt eine dauerhaft erhöhte g-Belastung. Das Gehirn wird immer schlechter mit Sauerstoff versorgt, wir sehen schlechter, weil der Sehnerv nicht mehr gut durchblutet ist. Solche Effekte können bei bemannten Raumflügen beim Start auftreten.

Diesem Greyout folgt kurz darauf der Blackout, die Netzhaut ist dann nicht mehr mit Blut versorgt, die Bewusstseinsstörungen nehmen zu bis zur Bewusstlosigkeit und im Extremfall bis zum Tod. Werden Hirn und Augen wieder normal durchblutet, erwachen wir aber meist auch sehr schnell wieder.

Der erste Hügel

Nach der rasanten Talfahrt geht es sofort wieder hoch zur nächsten Erhöhung, das ist ein Höhepunkt jeder Achterbahnfahrt. Hat der Zug hier noch ein ordentliches Tempo, werden wir an der höchsten Stelle aufgrund der Zentrifugalkraft nach oben beschleunigt. Ist die Kraft größer als die Erdanziehung, werden wir im Sitz leicht angehoben, und nur die Bügel verhindern, dass wir hinausgeschleudert werden. Die Beschleunigungskräfte wirken der Erdanziehung entgegen, daher haben wir hier das Gefühl, fast schwerelos zu sein. Das sind die Momente, in denen wir im Wagen wild die Arme hochreißen.

Die Achterbahndesigner meiden zu starke negative g-Kräfte, denn dann würden unsere inneren Organe im Körper für Momente tatsächlich in der Bauchhöhle herumschleudern; sie sind ja quasi nur lose im Bauchraum gestapelt und aufgehängt. Das führt zum einen zu Übelkeit und Unwohlsein, zum anderen würde diesmal Blut in Richtung Gehirn und Augen gedrückt werden. Im schlimmsten Fall kann es Gehirnblutungen geben, und die Augäpfel können unter dem hohen Druck Schaden nehmen.

Die äußeren Kurven

Auch hier wirken die Zentrifugalkräfte. In den Kurven haben wir deshalb das Gefühl, dass entweder wir nach draußen fliegen oder der Zug gleich aus den Schienen springt. Das ist bei mir der Grund, wieso ich auf dem Oktoberfest nicht mehr mit der klein und harmlos aussehenden Bahn »Wilde Maus« fahre. Die engen Kurven vermitteln mir das Gefühl, als wäre ich eine Art menschlicher Frisbee.

Seitliche Beschleunigungskräfte gehören zu den heftigsten Belastungen des Körpers. Hier ist auch die Halswirbelsäule stark belastet, es besteht Schleudertraumagefahr. Seitliche Beschleunigungen empfinden wir schon bei deutlich niedrigeren g-Werten als unangenehm. Sie sind bei Achterbahnen auf 2 g beschränkt.

Größere Achterbahnen sind meist gnädiger zu ihren Gästen: Vielleicht ist dem einen oder anderen schon aufgefallen, dass die Schienen dort in den Kurven meist stark geneigt sind. Wir werden dann nicht zur Seite beschleunigt, sondern zum größeren Teil in Richtung Wagen.

Der Looping

Er ist der Höhepunkt in vielen Bahnen. Wir durchfahren eine 360-Grad-Kurve, beim Olympia Looping sind es insgesamt fünf Ringe, die wir durchqueren. Die Zentrifugalkraft hält uns – solange die Bahn schnell genug fährt – sicher in den Sitzen, obwohl wir an der höchsten Stelle kopfüber durch die Gegend rauschen. Im Looping bräuchten wir gar keine Sicherheitsbügel. Organisch ist diese rasante Kurvenfahrt wenig belastend, nur der Mageninhalt wird ein wenig durchgeschüttelt.

Manche Achterbahnen arbeiten auch noch zusätzlich mit optischen Effekten, im Europapark Rust gibt es eine (eigentlich eher harmlose) Achterbahn im Dunkeln, dies bewirkt leichte Angstattacken. Jede zusätzliche Irritation verursacht Stressreaktionen.

Wo muss man in der Achterbahn sitzen, um das beste Fahrgefühl zu haben?

Natürlich fahren alle Wagen einer Achterbahn zu jedem Zeitpunkt gleich schnell, sie sind ja miteinander verbunden. Doch das Tempo an einem bestimmten Punkt der Bahn, also etwa auf einem Hügel, kann von Wagen zu Wagen variieren, vor allem dann, wenn die Züge richtig lang sind; der Olympia Looping mit seinen sieben Wagen ist da ein gutes Beispiel. Während der Fahrt schieben oder ziehen sich die Wagen je nach Geometrie der Bahn unterschiedlich, das heißt, sie üben ganz verschiedene Kräfte aufeinander aus. Und das wirkt sich auf das Fahrgefühl aus. Es ist also nicht egal, wo wir uns in so einem Zug hinsetzen.

Ganz vorn: Bei bestimmten Achterbahnen gibt es eigene Warteschlangen für Plätze in der ersten Reihe. Dort hat man alles im Blick, die Schienen, den Abgrund, gleichzeitig spürt man den Fahrtwind viel stärker. Viele Leute empfinden so eine Fahrt im ersten Wagen rasanter. Das ist aber reine Gefühlssache, der Fahrtwind und der offene Blick stärken die emotionale Anteilnahme an der Fahrt.

Ganz hinten: Doch physikalisch betrachtet gibt es zwei Wägen, die jeweils klare Besonderheiten haben. Der letzte Wagen ist jeweils an der ersten Kuppe und bei allen weiteren Hügeln am schnellsten, da alle anderen Wagen hier schon wieder beschleunigen und ihn mitreißen. Wegen der auftretenden Kräfte haben die Insassen des letzten Wagens die schönste »Airtime«, wie Fachleute sie nennen, also dieses Gefühl, für Sekundenbruchteile in der Luft zu schweben. Nur Sicherheitsbügel am Bauch und an den Schultern verhindern, dass wir nach oben katapultiert werden. Wer diese »Airtime« liebt, sollte hinten im Zug sitzen.

In der Mitte: Wer dagegen die Schwerkraft so richtig spüren will, ist im mittleren Wagen am besten aufgehoben. Nehmen wir den Olympia Looping auf dem Münchner Oktoberfest mit sieben Wägen. Bei der Durchfahrt durchs Tal bremsen im tiefsten Punkt die ersten drei Wägen nämlich bereits, während die hinteren drei Wägen noch beschleunigen. Die Bahn ist zu diesem Zeitpunkt am schnellsten. Dementsprechend sind auch die nach unten drückenden Gewichtskräfte hier am größten, beim Olympia Looping 5,2 g. Auf den Hügeln ist der mittlere Wagen aber der langsamste.

Und noch ein letzter Tipp: Bei Bahnen mit vielen Überkopfelementen und Spiralen versprechen Plätze ganz außen den größten Spaß. Aufgrund der Drehbewegung legen die äußeren Sitze nämlich in der gleichen Zeit leicht längere Wege zurück als die Mittelplätze, deshalb ist die Beschleunigung hier auch höher.

Warum schreien wir während der Fahrt?

Achterbahningenieure bauen ihre Bahnen immer so, dass sie gefährlicher aussehen und sich schlimmer anfühlen, als sie in Wahrheit sind. Unsere Vorstellungskraft soll schon während der Wartezeit und bei der Annäherung an die Bahn so beeinflusst werden, dass wir Unruhe und Angst entwickeln. Wenn wir schreien, sagen Psychologen, lenken wir gleichzeitig unsere Gedanken von der Fahrt und unseren eigenen schlimmen Vorstellungen ab. Die Fahrt wird wieder mehr zum Spiel. Lautes Schreien löst die Anspannung.

Es hilft auch, Bauch- und Armmuskeln anzuspannen, das verleiht einen in Phasen, in denen hohe g-Kräfte wirken, mehr Festigkeit und Sicherheit.

Achterbahnrekorde

Die **älteste aktive Achterbahn** der Welt »Leap the Dips« in Lakemont Park in Pennsylvania (USA) fährt seit 1902, mit einer Unterbrechung für Renovierungsarbeiten zwischen 1985 und 1999.

Zehn Leute können in der Achterbahn Griffon aus Busch Gardens (USA) nebeneinandersitzen, das ist ideal für spiralförmige Loopings.

14 Überschläge pro Fahrt bietet die englische Bahn »Smiler«, so viel wie keine andere.

Die längste Achterbahn ist mit **2479 Metern Schienen** der Steel Dragon in Japan, die Fahrt dauert vier Minuten.

48,8 Meter hoch ist der höchste Looping, zu fahren im »Full Throttle«; im Freizeitpark Six Flags Magic Mountain nahe Los Angelos ist es eine von 19 (!) Achterbahnen, so viele gibt es in keinem Freizeitpark der Welt.

139 Meter hoch ist die amerikanische Bahn Kingda Ka und damit die **höchste Achterbahn der Welt,** sie könnte damit die Türme des Stephansdoms in Wien überqueren.

Der Olympia Looping ist die größte transportable Achterbahn der Welt. Auf der 1250 Meter langen Bahn wirken kaum seitliche g-Kräfte in den Kurven, was die Fahrt recht angenehm macht.

Die zweite Oktoberfest-Bahn **Alpina** ist mit 1020 Metern etwas kürzer, aber auch Rekordhalter; es ist die größte und längste transportable Achterbahn der Welt ohne Überschlag. Sie hat hohe Querbeschleunigungskräfte mit 1,6 Gramm.

Die mittlerweile nicht mehr auf dem Oktoberfest gastierende **Eurostar** war der größte transportable Inverted Coaster der Welt, die Füße hingen während der Fahrt in der Luft. Er steht mittlerweile im Gorki Park in Moskau.

WARUM WIR FOTOS IM DROGERIEMARKT AUSDRUCKEN KÖNNEN

Ist Ihnen schon mal aufgefallen, dass fast alle früheren Fotogeschäfte verschwunden sind? Es ist eine Ironie der Geschichte, dass ausgerechnet der Kodak-Mitarbeiter Steve Sasson im Jahr 1975 die Digitalkamera erfand – also ein Angestellter jener Firma, die damals vor allem mit klassischer Fotoausrüstung Geld verdiente, mit Analogfilmen und den dazugehörigen Fotolaboren. Denn letztlich führte diese Erfindung dazu, dass wir heute fast ausschließlich digital fotografieren. Für die 1890 gegründete Firma bedeutete das fast das Ende, nach und nach stellte das Unternehmen die Produktion von Filmen und Kameras ein.

In Deutschland verkaufte Kodak schon 2004 alle Großlabore für Fotografien, also jene Orte, die früher unsere Urlaubsbilder entwickelten. Bald darauf gingen diese Labore praktisch flächendeckend in Konkurs. Die Firma spezialisierte sich nun auf Drucktechnik. Interessanterweise kam sie auf diesem Weg wieder zurück ins Fotogeschäft, und zwar für viele Menschen sichtbar in Form eines Automaten, der in zahlreichen Drogerien deutschland- und europaweit herumsteht.

Der sogenannte Kodak Picture Kiosk ist (neben Konkurrenten etwa von Cewe) unser Fotodrucker. Doch wie funktioniert so ein Gerät eigentlich? Was muss es können im Vergleich zu einem früheren Fotolabor?

Zeit also, sich so ein Gerät mal genauer anzuschauen. Wir bringen unsere digital aufgenommenen Bilder auf einer SD-Karte, einem USB-Stick oder auf dem Smartphone gespeichert zum Fotoautomaten. Dort übertragen wir die Datei über WLAN (im Gigahertzbereich verschicken wir über ein Funknetz Datenpakete), Bluetooth (funktioniert ähnlich wie WLAN über ein Funknetz, nur über kürzere Distanzen) oder mit Hilfe des USB-Sticks in den Automaten. Prinzipiell können die Automaten über eine Internetverbindung auch auf online bei Facebook, Instagram oder Dropbox gespeicherte Bilder zugreifen.

Wir wählen dann das gewünschte Format aus, können Details wie Farbe oder bestimmte Effekte einstellen, also Dinge, die auch klassische Bildbearbeitungsprogramme leisten.

Dann beginnt der Druck. Früher dauerte es etwa eine Woche, dann konnte man sich die Bilder in einem Umschlag inklusive der Negative aus dem Fotoladen abholen. Im Schnelllabor war das (natürlich gegen Aufpreis) noch am selben Tag möglich. Dort roch es nach Chemikalien, im Hintergrund ratterten die Maschinen, sie spuckten im Sekundentakt Bilder aus, Urlaubserinnerungen, Tiere, Landschaften, nicht immer in optimaler Qualität. Die Maschine entwickelte die Filme noch in einem chemischen Prozess (daher der Geruch), und die fertigen Negative belichtete das Gerät in der Dunkelheit des Maschineninneren auf die lichtempfindliche Emulsion eines Fotopapiers. Die richtige Temperatur, die richtigen Chemikalien und die optimale Belichtungszeit brachten dann die prächtigen Farben auf dem Papier hervor. Fertig geschnitten und gestapelt, konnte man sie gleich mitnehmen.

Bei einem digitalen Fotodrucker landen die Bildinformationen im Inneren des Geräts bei dem sogenannten Thermotransferdrucker. Wenn man den Namen übersetzt, bekommt man schon eine Ahnung davon, was in dem Gerät passiert. Hitze spielt eine Rolle und ein Farbtransfer auf ein Spezialpapier. Aber anders als in Druckern zu Hause gibt es in diesen Geräten keine Tinte, sondern eine Art Band oder Folie, die über dem Papier

liegt und mit einer wärmeempfindlichen Farbe beschichtet ist.

Der Drucker zieht also, sobald wir den Auftrag zum Druck über den Bildschirm erteilen, zunächst ein Spezialpapier von einer Rolle. Direkt über dem Papier läuft die farbbeschichtete Folie. Ein Thermodruckkopf mit Hunderten computergesteuerten Heizelementen fährt nun über die Folie und erhitzt sie punktgenau. In der Folie schmilzt dann die Farbschicht und verdampft. Das Spezialpapier nimmt diesen Farbdampf auf, bzw. er setzt sich darauf nieder (bei kunststoffbeschichteten Papieren). Jede der vier Standardfarben Cyan, Magenta, Gelb und Schwarz wird nacheinander einzeln in der notwendigen Intensität aufgedruckt. Jeder Farbton lässt sich so an jedem Druckpunkt exakt mischen, 64 Abstufungen pro Ton erlaubt dieses Verfahren. Am Ende entsteht aus den Millionen digitalen Pixeln so in Sekunden unser gedrucktes Bild.

Abschließend überzieht der Automat das fertige Foto noch mit einer hauchdünnen Klarlackschicht, deshalb glänzen die Bilder aus den Automaten auch immer so schön. Der Lack schützt die Farben vor dem Ausbleichen. Die Fotos lassen sich matt und glänzend beschichten, so wie wir es früher von unseren Fotolaborbildern gewohnt waren.

Am Schluss schneidet der Automat die Fotos noch passend ab, dann klackert es unten im Ausgabekasten. Fertig ist das Foto.

WERDEN UND VERGEHEN

Es ist wie ein letztes helles Aufflackern, bevor die Flamme erlischt. Wer im Herbst durch Laubwälder wandert, erlebt eine Sinfonie der Farben, vom leuchtenden Gelb über ein tiefes Rot bis zu einem kräftigen Violett schimmern die Blätter. So, als wolle sich das Jahr noch mit einem letzten kräftigen Schlussakkord verabschieden, ehe es in die Winterpause geht.

WARUM SICH BLÄTTER IM HERBST VERFÄRBEN

Die Bäume müssen im Herbst sparen. Sie müssen mit ihren Kräften (also Rohstoffen) und dem weniger werdenden Wasser haushalten. Also werfen sie ihre Blätter ab. Doch diese enthalten noch wertvolle Nährstoffe, allen voran das Chlorophyll, das während des Jahres so gute Dienste geleistet hat. Den darin enthaltenen Stickstoff müssen die Pflanzen retten, denn er ist für sie nicht so leicht verfügbar. Also bauen die Bäume das Chlorophyll ab und verlagern den begehrten Stickstoff in die Stämme und ins Wurzelwerk, wo er sicher überwintern kann. Die Blätter verabschieden sich damit auch von ihrem satten Grün. Sichtbar werden die orangegelben Karotinoide, die sich bis dahin farblich nicht gegen das Grün durchsetzen konnten. Sie bestehen aus Kohlenstoff und Wasserstoff. An diese Rohstoffe kommt der Baum leichter ran, über das Wasser und das Kohlendioxid in der Luft. Also macht er sich nicht die Mühe, die Karotinoide im Herbst ebenfalls abzubauen. Sie dürfen im Blatt leuchten und für einige Tage oder Wochen die Farbregie übernehmen. Schon gibt es – sonnige Tage vorausgesetzt – einen wahrlich goldenen Oktober.

Eine Farbe in der Herbstpalette lässt sich so noch nicht erklären: Immer wieder tauchen nämlich Bäume mit kräftig roten Blättern auf. Dafür verantwortlich sind sogenannte Anthocyane, die während des Sommers die

Blätter vor zu viel Sonnenlicht schützen, indem sie das einfallende Licht streuen. Ohne diesen Schutz würden sich viele freie Radikale bilden, die wieder die Pflanzenzellen angreifen können. Sie werden verstärkt gebildet, wenn sich das Chlorophyll abbaut – und bewirken das rote Leuchten. Doch das ist nur ein Teil der Erklärung. Lange wussten die Forscher nicht, dass die Anthocyane noch eine weitere Funktion haben. Sie sind wasserlöslich und bewirken, dass der Gefrierpunkt des Wassers sinkt. Im Herbst ist das durchaus sinnvoll, denn Nachtfrost könnte die Blätter schädigen, ehe sie den im Chlorophyll gebundenen Stickstoff vollständig im Stamm eingelagert haben. Für Bäume ist der Herbst eine kritische Zeit. Amerikanische Forscher um William Hoch hatten beobachtet, dass Bäume am meisten rotes Laub in Gegenden bilden, in denen der Herbst sehr frostig ist.

Auch in wärmeren Regionen gibt es das Phänomen, die Indische Mandel mit ihren roten Blättern ist hier ein Beispiel. Die mögliche Erklärung hier: Gelöste Anthocyane machen den Pflanzensaft in den Blättern dickflüssiger, sie binden Wasser, das dann weniger stark verdunsten kann. Das schützt gegen das Austrocknen.

Am Ende des Blattlebens verschwinden schließlich die knalligen Farben, das Blatt hat seine Schuldigkeit getan, alles gerettet, was zu retten war, und fällt zu Boden. Dort oxidiert es und wird, ehe es gänzlich vermodert, noch bräunlich.

WAS WÄRE, WENN WIR AUCH EINEN WINTERSCHLAF HALTEN WÜRDEN?

Die Aussicht klingt verlockend. Wir würden uns im Herbst ordentlich Speck anfuttern, dürften auf jegliche Art von Diät pfeifen, würden uns hübsch mit unseren Lieben auf ein großes, gemütliches Lager betten, die Heizung auf 18 Grad einstellen und dann für Monate dösen. Endlich nichts tun. Kein trübes Novemberwetter, keine stressige Vorweihnachtszeit, keine schlechte Stimmung, weil es schon wieder viel zu lange viel zu dunkel und eisig kalt ist.

Davor würden wir noch die Zeitung abbestellen, ein paar Daueraufträge für laufende Kosten einrichten und schließlich ein großes »Bitte nicht stören!«-Schild an die Wohnungstür hängen – für alle, die nicht mitmachen wollen.

Ehe es nun in der eigenen Vorstellung allzu kuschelig wird, sollten wir kurz überlegen, was bei Tieren der Sinn des Winterschlafs ist. Sie müssen Energie sparen, und sie tun das aus einer gewissen Not heraus: In der Natur würden sie keine Nahrung finden. Sie senken dafür ihre Körpertemperatur und verfallen in eine Art Starre.

Könnten wir das überhaupt? Wir hören immer wieder – wie zuletzt bei Rennfahrer Michael Schumacher –, dass man Menschen in einen künstlichen Tiefschlaf versetzen kann. Dabei regeln die Ärzte bestimmte Kör-

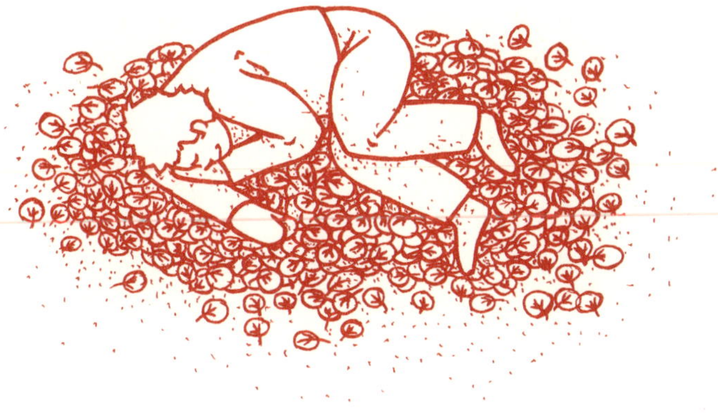

perfunktionen mit Hilfe von Narkosemitteln künstlich herunter, dies schützt lebenswichtige Organe wie unser Gehirn, hat aber auch Nebenwirkungen.

Ein echter Winterschlaf ist das nicht. Aber wären wir theoretisch überhaupt dazu fähig? Marburger Wissenschaftler, die vor einigen Jahren den ersten winterschlafenden Affen entdeckten, halten es für möglich. Auf Madagaskar gibt es eine Lemurenart, die fast sieben Monate in einer Baumhöhle überwintert. Der Tierphysiologe Gerhard Heldmaier meint, es spreche nichts dagegen, dass auch Menschen einen Winterschlaf halten könnten. »Menschen unterscheiden sich nicht so grundlegend von anderen Säugetieren«, sagt Heldmaier. Der Forscher, ehemaliger Vorsitzender der Internationalen Winterschlafgesellschaft, entdeckte Enzyme, die bei der Inaktivierung des Stoffwechsels im Winterschlaf eine wichtige Rolle spielen. Sie stellen den Stoffwechsel von Kohlenhydrat- auf Fettverbrennung um und umgekehrt. Diese Enzyme kommen bei allen Säugetieren vor, auch beim Menschen. Noch haben die Forscher aber das Gesamtbild nicht verstanden, der Stoffwechsel ist offenbar ein überaus komplexes Netzwerk, an dem Dutzende Stoffwechsel-Schalter beteiligt sind, die sich wechselseitig beeinflussen können.

Dennoch ist der Gedanke an einen menschlichen Winterschlaf gar nicht so abwegig, wie auch neuere Erkenntnisse amerikanischer Biologen von der University of Alaska in Fairbanks nahelegen. Die Forscher hatten Amerikanische Schwarzbären bei ihrer Winterruhe beobachtet. Die Forschungsbären waren zuvor allesamt menschlichen Behausungen in Alaska zu nahe gekommen, wurden daraufhin eingefangen, mit Sensoren versehen und dann in eine eigens angelegte Winterforschungshöhle gebracht. Dort verbrachten die fünf Testbären die eisigen Wintermonate. Die Forscher überwachten die Körpertemperatur. Bären haben wie wir Menschen eine durchschnittliche Körpertemperatur von 37 Grad Celsius. Während des Winterschlafs fiel sie auf maximal 30 Grad. Ihren Stoffwechsel reduzierten sie auf ein Viertel des normalen Niveaus. »Allmählich verstehen wir den Winterschlaf nicht mehr nur als Absenken der Körpertemperatur, sondern mehr als Einsparen von Energie«, sagt der an der Studie beteiligte Biologe Øivind Tøien bei der Präsentation der Ergebnisse.

Vielleicht ist diese Strategie sogar klüger. Tiere, die ihre Körpertemperatur drastisch senken, gehen nämlich ein gewisses Risiko ein, wenn man den Studien über Ziesel und Erdhörnchen glaubt. Bei ihnen hatte der mehrmonatige Winterschlaf negative Auswirkungen auf die kognitiven Leistungen. Sie konnten sich nach dem Aufwachen schlechter orientieren, fanden etwa Wege in einem Labyrinth nicht mehr. Die Tiere mussten nach dem Winter neu lernen, sich zu orientieren. Allerdings sind die vorliegenden Befunde zum Gedächtnis widersprüchlich, sagt Gerhard Heldmaier. »Andere Studien widerlegen den Befund und finden eine eindrucksvolle Festigung von Gedächtnisinhalten im Winterschlaf.« Offenbar sind während des Winterschlafs große Teile des Gehirns weitgehend inaktiv, auch synaptische Kontakte und damit Funktionen werden abgebaut. In den Nervenzellen einiger Winterschläfer fand man Veränderungen des sogenannten Tau-Proteins, die auch beim Menschen beim Beginn neurodegenerativer Erkrankungen wie Alzheimer beobachtet werden. Diese Veränderungen können Winterschläfer innerhalb weniger Stunden nach dem Erwachen aus dem Winterschlaf wieder korrigieren. »Das Gedächtnis ist unmittelbar nach dem Erwachen aus dem Winterschlaf wieder abrufbar«, sagt Heldmaier. »Das ist eine erstaunliche Leistung, obwohl das Gehirn solch drastische Stoffwechseländerungen durchmachen musste.«

Beruhigende Nachrichten, denn Gedächtniseinbußen wären dann doch nicht so gut. Der Winterschlaf bleibt also für uns attraktiv – auch die Weltraumorganisationen ESA und NASA interessieren sich im Hinblick auf lange Reisen im All zu fernen Welten für die Winterschlafforschung.

Vielleicht versuchen wir es auf der Erde erst einmal testweise mit einer ausgedehnten Ruhephase. Es gibt eine Geschichte über einen sibirischen Volksstamm, der die Winterruhe vor mehr als hundert Jahren in der Gegend von Pskov praktiziert haben soll – wegen Essensknappheit. Die Familien legten sich beim ersten Schnee gemeinsam schlafen, wärmten sich gegenseitig in ihrer kühlen Behausung. Einmal am Tag stand jeder kurz auf, trank einen Schluck Wasser, aß trockenes Brot oder andere Trockennahrung, legte etwas Holz nach und ging wieder schlafen. Angeblich hielten die Menschen das sechs Monate so, bis der Frühling kam. Ob diese Geschichte, die 1900 im *British Medical Journal* stand, wirklich stimmt, ist nicht sicher.

Doch der Autor machte sich schon damals Gedanken darüber, wie erholsam und entlastend so eine lange Ruhephase für uns Menschen sein könnte. Im »Nirwana« wären wir für ein halbes Jahr »befreit vom Stress des Lebens, vom Zwang zu arbeiten, von den unzähligen Lasten, Sorgen und Mühen des Daseins«, schrieb er im Fachjournal.

Vielleicht sollten wir das zum Anlass nehmen und tatsächlich im Winter weniger arbeiten und mehr schlafen. Schließlich sagen auch Schlafforscher seit langem, dass wir in der kalten und dunklen Jahreszeit mehr Schlaf benötigen als in anderen Jahreszeiten. Die Schule könnte später beginnen, wir könnten uns auf eine 20-Stunden-Winterarbeitswoche einigen und endlich lange dösen. Das wäre doch mal ein Anfang.

Zugvögel

Wenn der Winter naht und die Temperaturen sinken, brechen viele Vögel von ihren Brutgebieten in die Winterquartiere auf, um im Frühjahr – wenn alles gutgeht – wieder zurückzukehren. 50 Milliarden Zugvögel sind weltweit unterwegs, fünf Milliarden allein zwischen Europa und Afrika. Die Vögel leisten dabei erstaunliche Dinge.

Vögel haben eine Art **Kompass im Schnabel** (oder, wie Rotkehlchen und Grasmücke, im Auge). Mit Hilfe von mikroskopisch kleinen, eisenhaltigen Strukturen in der Haut um den Schnabel können sie die Stärke des Erdmagnetfelds erspüren und sich am Verlauf der Feldlinien orientieren. Vögel haben solche Sensoren für jede der drei Raumrichtungen und können sich über die Kombination der drei Magnetsignale perfekt orientieren. Für sie ist der Magnetsinn ein Sinneseindruck wie Sehen, Hören und Riechen für uns Menschen.

Im September 2007 flog eine weibliche Pfuhlschnepfe in 200 Stunden **11 500 Kilometer nonstop** von Alaska über den Pazifik in ihr Winterquartier nach Neuseeland. Es ist der längste bislang gemessene Langstreckendirektflug eines Vogels.

Langstreckenweltmeister ist die Küstenseeschwalbe. Sie schafft bis zu **90 000 Kilometer pro Jahr.** Die arktischen

Brutplätze liegen **30 000 Kilometer** von den polaren antarktischen Überwinterungsgebieten entfernt. Die beiden weit entfernten Lebensräume ermöglichen dem Vogel, an acht Monaten im Jahr jeweils 24 Stunden am Tag nach Beute zu jagen. Denn in den Polarsommern geht die Sonne nicht unter. In einer 24-Stunden-Schicht legen sie bis zu 520 Kilometer zurück.

Vögel sind **Energiesparweltmeister.** Größere und damit schwerere Vögel fliegen meist tagsüber und in einer festen Formation, oft in V-Form. Der inzwischen in Deutschland wieder heimische Waldrapp macht sich im Herbst auf den Weg in die Toskana. Die anstrengende Reise schaffen die Vögel nur im Team. Jeder Vogel leistet in etwa gleich lang kraftzehrende Führungsarbeit. Dahinter fliegende Vögel sparen Energie, nicht etwa, weil sie im Windschatten fliegen, sondern weil der vorausfliegende Artgenosse mit seinem Flügelschlag einen Aufwind erzeugt, der die Vögel dahinter trägt.

Auch der **Kuckuck** ist so ein Langstreckenzieher. Bekannt ist er vor allem für die freche Art, seine Eier in fremde Vogelnester zu legen. Er tut dies aus zweierlei Gründen. Erstens: Für Brutpflege bleibt ihm keine Zeit, denn der Kuckuck bleibt meist nur von Anfang April bis Ende Mai in Deutschland, dann geht's weiter Richtung Süden. Als echter Kosmopolit ist er das ganze Jahr unterwegs. Nach jeweils etwa einmonatigen Pausen in Polen, im Balkanraum und in Griechenland fliegt er weiter nach Ägypten und über die Sahara in die Waldgebiete Zentralafrikas. Hier bleibt er etwas länger, ab spätestens Ende Februar geht's über Westafrika wieder zurück. Der Kuckuck legt zweitens **aufgrund seiner Ernährung** seine Eier in fremde Nester. Giftige Raupen und Falter, die andere Singvögel verschmähen, stehen auf seinem Speiseplan. Dafür hat er einen speziell ausgekleideten Magen, ein Jungkuckuck hingegen würde die ungenießbaren Futterhäppchen nicht verkraften.

Vogelzug ist gefährlich. Mindestens **500 Millionen Vögel überleben die Reise nicht.** Netze, Leimruten oder Steinschlagfallen setzen ihrem Leben ein Ende. Allein auf der Mittelmeerinsel Zypern erlegten illegale Jäger im Herbst 2014 zwei Millionen Zugvögel. Zwar sinkt die Zahl der erlegten Tiere langsam, doch immer noch warten Tausende Jäger in Ägypten, Frankreich, Italien, auf Malta und neuerdings verstärkt auch in den Balkanstaaten.

WER JETZT KEIN HAUS HAT

Der Igel ist so etwas wie ein Vorbote des Winters, eine Art Botschafter mit der Nachricht an alle: Der Herbst endet bald, der Winter naht. Auf den Igel könnte man auch die berühmte Zeile aus dem Gedicht von Rainer Maria Rilke anwenden: »Wer jetzt kein Haus hat, baut sich keines mehr!« Es kann nämlich passieren, dass sich ein Igel zu Beginn des Winters noch kein richtiges Haus gebaut hat, weil er zu sehr mit dem Anfuttern von Körperfett beschäftigt war. Immerhin muss er von seinem Durchschnittsgewicht von vielleicht 700 Gramm auf gut das Doppelte zulegen, um für den Winter fit zu sein.

Bauen für den Winter

Igel gehören zu den ältesten heute noch lebenden Säugetieren, sie sind ein Erfolgsmodell der Evolution. Es gibt sie seit etwa 60 Millionen Jahren, und sie haben sich durch die Zeiten kaum verändert, das zeigen 50 Millionen alte versteinerte Knochenreste. 25 Arten gibt es weltweit, fast ausschließlich in Europa, Asien und Afrika. Sie durchstreifen Gebiete von bis zu 100 Hektar, das sind 140 Fußballfelder.

Der Braunbrustigel *(Erinaceus europaeus)* ist der häufigste europäische Igel, der auch in allerlei Märchen und Geschichten als archetypischer Igel auftaucht. Er braucht unter seinem Haarkleid (bestehend aus 8000 Stacheln, die sich jeweils einzeln mit einem Muskel aufrichten lassen) ausreichend Fettreserven für die kalten Monate. Obwohl er in seinem halbjährigen Schlaf den Stoffwechsel komplett herunterfährt, die Körpertemperatur von 36 auf bis zu 1 Grad senkt, den Herzrhythmus auf fünf Schläge pro Minute reduziert und nur ein- bis zweimal pro Minute atmet, kann er nur mit seinem Fettpolster überleben – und in einem trockenen, halbwegs warmen Igelbau. Nach dem Winter sind die rund 25 Zentimeter großen Säugetiere auf 500 Gramm abgemagert.

Ein gesunder Igel schafft diese winterliche Herausforderung, für ihn gehören auch alle Vorbereitungen zum Winterschlaf zum Standardprogramm. Doch wenn irgendetwas schiefgeht, brauchen die Tiere unsere Unterstützung. Wir können dem Igel bei der Winterquartiersuche helfen und ihm einen Unterschlupf selbst bauen. Idealerweise steht so ein Igelhaus dann in einem Garten mit vielen Hecken und Sträuchern, an einem ruhigen Standort nahe bei einem Laubhaufen (Laub den Winter über ruhig im Garten lassen, das ist für viele Tiere gut!). Die Behausung sollte auch nicht in einer Mulde stehen, sonst sammelt sich dort Wasser, und die Tiere werden nass. Wichtig ist sonst nur noch der Schutz vor Katzen oder anderen Igelgegnern, doch dazu mehr in der Anleitung.

Bis Mitte November sollte man den Igeln die Chance geben, sich selbst einen geeigneten Platz für den Winterschlaf zu suchen. Entdeckt man dann noch ein dünnes Tier, kann man schon mal mit dem Bauen beginnen. Nur wirklich komplett erschöpfte Tiere sollte man ins Haus aufnehmen. Igel sind Wildtiere.

Bauanleitung Igelbau

Wir beginnen damit, die Einzelteile auf dem Holzbrett aufzuzeichnen und dann zuzusägen. Das ist relativ einfach. Nur für die etwa 10 Zentimeter hohe, oben leicht abgerundete Zugangsöffnung braucht man etwas Übung.

Sind die Teile fertig, feilen wir die Kanten glatt und können sie dann schon zusammenschrauben. Wenn man an den Stellen, an denen später die Schrauben die Bretter verbinden, schon mal Löcher vorbohrt, geht das Zusammenbauen sehr viel leichter. Die Trennwand neben dem Eingang schützt den Igel vor lästigen Attacken beispielsweise durch Katzen.

Als Letztes kommt das Dach drauf, das verstärken wir innen nur mit zwei passend zugesägten Dachlatten (zum Befestigen brauchen wir die kurzen Holzschrauben) und legen es oben auf den Igelbau.

Um es besser gegen Witterungseinflüsse zu schützen, kann man das fertige Haus mit Leinöl oder einer Biolasur aus dem Baumarkt einstreichen.

Wir brauchen:

Holzbretter ca. 2 Zentimeter dick für: Rückwand (40 x 26 cm), 2 Seitenteile (30 x 24 cm), 1 Trennwand (17 x 25 cm), Vorderseite (14 x 24 cm, Aussparung für Eingang 10 x 10 cm)

Dachlatten (49 x 36 cm)

Leinöl oder Ökolasur

Bio-Heu

Schreinerwinkel, Maßband, Lineal, Bleistift

Stichsäge mit Sägeblättern

Akkuschrauber

Holzbohrer

Holzfeile

Holzschrauben (14 Schrauben 3,5 x 40 mm und 4 Schrauben 3,5 x 30 mm)

Pinsel

Quelle: Bund Naturschutz. www.nabu.de, »Bauanleitung für ein Igelhaus«

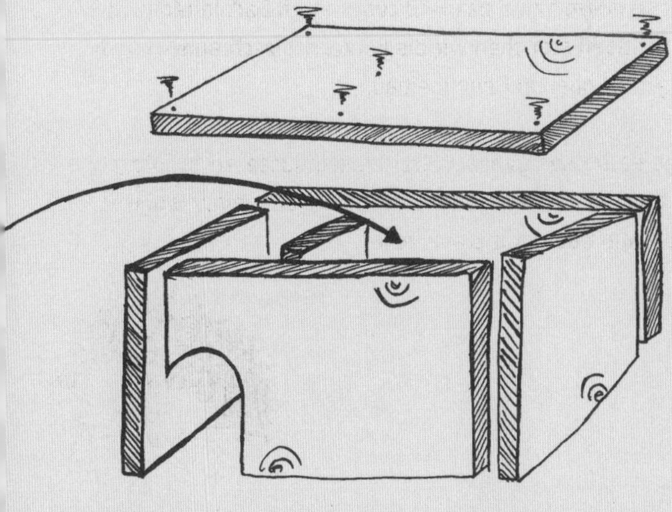

Die Töne der Igel

Igel sind auch akustisch überaus interessante Tiere, vor allem nachts, der berühmte Verhaltensforscher und Tierfilmer Bernhard Grzimek hätte sie sicher als »possierliche« Tierchen bezeichnet. Grizmek selbst nannten seine Schulkameraden übrigens Igel, weil er als Junge Tiere anschleppte, darunter auch einige Igel – und den Namen Grzimek konnten die anderen Jungs nicht aussprechen. Aber das nur am Rande, zurück zu den typischen Igeltönen:

- Leises Schnaufen und Niesen: Typischer Laut, wenn ein Igel die Umgebung erkundet, begleitet von einem Rascheln im Unterholz.
- Herzhafte Knack- und Schmatzgeräusche: Der Igel hat etwas zum Fressen gefunden.
- Lautes Keckern: Der Igel (meist als Einzelgänger unterwegs) begegnet auf der Futtersuche einem Artgenossen.
- Energisches Fauchen, manchmal auch Kreischen und Schreien: Der Igel fühlt sich bedroht, Schreie gibt er aber nur in größter Not von sich.
- Intensives, lustvolles Schnarchen und Sägen: Der Igel ist beim Paarungsspiel.

WARUM NIESEN WIR?

Ich kann genau sagen, wann meine Frau ohne Sonnenbrille aus dem Schatten in die Sonne tritt, ich muss nicht einmal hinschauen. Ich brauche dafür nur mein Gehör. Sie hat nämlich eine Genvariante, die zu sogenannten »autosomal dominant compelling helio-ophthalmic outbursts of sneezing« führt, auch ACHOO-Syndrom genannt. Kurz gesagt: Sie muss niesen, wenn ihre Augen plötzlich hellem Sonnenlicht ausgesetzt sind und sie ins grelle Licht schaut. Bei meiner Tochter ist es auch so. Der Licht-Nies-Reflex ACHOO ist vererbbar. Ein Viertel der Menschheit ist betroffen.

Alle anderen Niesattacken sind entweder Vorboten einer Erkältung oder einer Allergie – selten auch ein Anzeichen sexueller Erregung (was in diesem Fall eine Art fehlgeleitete Nervenübertragung darstellt, wie der britische Arzt Mahmood Bhutta im Fachmagazin *Journal of the Royal Society of Medicine* schreibt) und noch seltener ein Zeichen dafür, dass unser Magen übervoll ist (der sogenannte Sättigungs-Nies-Reflex, auch hier ist der Grund eine fälschliche Aktivierung des Nieszentrums).

In den allermeisten Fällen löst ein Reiz in der Nasenschleimhaut das Niesen aus. Man vermutet, dass es durch ein eigenes Nieszentrum im sogenannten Nachhirn gesteuert wird, einer Region an der Grenze zum Rückenmark. Wir niesen in der Regel, um Nasensekret, Staub oder Krankheitserreger aus der Nase zu entfernen, also alles, was die Nasenschleimhaut reizt oder irritiert. So reinigen wir die oberen Atemwege, etwa bei Erkältungen oder Allergien.

Übertragen wird der Niesreflex über den Trigeminusnerv, was unter anderem auch dazu führt, dass sich die Pupillen schlagartig verengen und wir die Augen schließen. Und dann schleudern wir die Viren und Bakterien in die Welt hinaus – und können uns kurz darauf nur schnell entschuldigen, falls wir es nicht wenigstens geschafft haben, doch noch wie empfohlen in die Armbeuge zu niesen.

In vielen Sprachen gibt es zweisilbige Ausdrücke fürs Niesen. Das deutsche »Ha-tschi« entspricht dem englischen *ah-choo!*, dem französischen *atchoum!* und dem italienischen *etcì!*
Damit greifen alle Sprachen auch den zweistufigen Prozess beim Niesen auf. Das scharfe, schnelle Einsaugen der Luft, mit dem wir Druck aufbauen (ha-, ah-, et-) und dann die explosionsartige Entladung (-tschiiii, -choooo, -ciiii). Die Endsilbe lässt sich endlos dehnen.

Wie weit können wir niesen?

Gerade in den ersten Herbsttagen mit ihren kühlen Abenden stecken sich viele Menschen mit einem Schnupfen an. Das Immunsystem ist noch auf Sommer programmiert, das Virus hat oft ein leichtes Spiel. Würde man spontan eine Umfrage in der Bevölkerung machen, welcher Übeltäter meist dahintersteckt, wären die Antworten möglicherweise nicht immer richtig. Rhinovirus nennen es die Forscher, was übersetzt nichts anderes heißt als: Nasenvirus. Es ist ein relativ kleines Virus mit nur 20 Nanometer Durchmesser, das eher kühlere Temperaturen liebt. Bei nasskaltem Wetter läuft es zu Hochform auf und vermehrt sich weiter massenhaft. Selbst bewegen können sich Rhinoviren nicht, sie bestehen nur aus einer Hülle mit Erbinformationen. Langfristig überleben können sie nur in einem Menschen, sie brauchen uns als Wirt.

Neben den Rhinoviren können auch noch ein knappes Dutzend anderer Viren und manchmal auch begleitende Bakterien die Schnupfensymptome bewirken, am häufigsten sind Corona- und Adenoviren. Wir können also gleichzeitig mehrere Erkältungen haben. Eine geschwollene, laufende Nase gehört bei jeder Erkältung dazu, manchmal kommen ein leichter Husten und ein Kratzen im Hals hinzu. Nichts Schlimmes also. Betroffen sind in der Regel nur die oberen Atemwege. Zwei- bis dreimal im Jahr erkranken Erwachsene im Durchschnitt daran.

Oft ist zu lesen, dass sich das Rhinovirus durch Tröpfcheninfektion verbreitet, dass wir es also beim Husten, Niesen oder Sprechen auf die Reise zu unseren Mitmenschen schicken. In trockener Luft überleben die Viren aber nur wenige Minuten, das ist auch ein Grund, warum wir uns im Sommer (oder in der trockenen Winterluft) kaum anstecken. Länger aktiv bleiben sie nur in feuchter, etwa 15 bis 20 Grad Celsius kalter Luft.

Tückisch ist das Virus aber auch deshalb, weil wir andere Menschen bereits anstecken können, ehe wir selbst die ersten Symptome haben. Wir sollten also die Verbreitung der Rhinoviren verhindern. Deshalb ist die Frage wichtig, wie weit die Viren wirklich beim Niesen fliegen können.

Bei einer Niesexplosion schießen winzige Tröpfchen mit hohem Tempo in den Raum. Immer wieder ist da von Maximalgeschwindigkeiten von 100 bis 160 Kilometer pro Stunde zu lesen und erreichbaren Weiten von zwei bis drei Metern. Eine Gruppe von Forschern aus Singapur wollte das genauer wissen und bat zehn Männer und zehn Frauen zum Niesen ins Labor. Mit Hochgeschwindigkeitskameras und einer speziellen Lichttechnik (man nennt die Aufnahmen Schlieren-Bilder) analysierten die Forscher den ausgestoßenen Luftstrom und maßen, wie schnell, wohin und wie weit die Tröpfchen aus der Nase flogen. Die Probanden waren dabei nicht erkältet, sie niesten mit Hilfe von Pfefferspray.

Das Ergebnis reduziert die bislang gemeldeten Rekordwerte deutlich: Die leichteren Tröpfchen schafften gut 60 Zentimeter, das Tempo lag bei 50 Kilometern pro Stunde, die schweren Tröpfchen fielen relativ schnell zu Boden, der Niesnebel bedeckte eine Fläche von 0,15 Quadratmetern, also einen Bereich von 30 mal 50 Zentimetern. Zugegeben: Diese Information würde nur etwas nutzen, wenn man die Kontaminationswolke auch sehen könnte. Generell niesen wir leicht schräg nach unten, das zeigen die Luftstrombilder, und nach 0,3

Sekunden ist die Wolke durch, am meisten stoßen wir in den ersten zehn Millisekunden nach dem Niesen aus. Die Virenkonzentration in der Luft nimmt kurz nach dem Niesen schnell wieder ab.

Die Unterschiede in den maximalen Geschwindigkeiten der Niesexplosionen können daher kommen, dass wir unseren Mund nicht immer gleich öffnen. Je kleiner die Mundöffnung ist, umso mehr führt ein Trichtereffekt zu höheren Geschwindigkeiten. Zudem haben Studien ergeben, dass sich die Beteiligten in zwei Gruppen unterscheiden lassen, in solche, die beim Niesen generell viele Viren in die Umwelt hinauspusten, und solche, die praktisch keine Erreger weitergeben. Warum das so ist, ist noch unklar.

Es empfiehlt sich in jedem Fall, zu niesenden Mitmenschen mindestens einen Meter Abstand zu halten, das Robert Koch-Institut empfiehlt sogar zwei Meter. Auch der Tipp, in die Armbeuge zu niesen, hat seine Berechtigung. Wie die Forscher aus Singapur zeigten, hindert der Arm die Nieswolke an der Ausbreitung, sie teilt sich in zwei Ströme ober- und unterhalb des Arms, dadurch bleiben sowohl Radius wie Menge der Viren begrenzt. In die eigenen Hände zu niesen ist dagegen ziemlich schlecht. Dort halten sich die Viren lange, und wir verteilen sie auf Türklinken, Computertastaturen und beim Händeschütteln auf die Hand des Gegenübers. Da hilft nur, sich regelmäßig und gründlich die Hände zu waschen!

Küssen bleibt übrigens erlaubt bei Erkältungen, schreiben englische Forscher von der Universität Cardiff.

Der Grund: Nach einem Kuss gelangen Viren über den Mund direkt in Magen und in den Darmtrakt und werden dort unschädlich gemacht.

Dies klingt zunächst überraschend. Die Erklärung könnte sein, dass sich Rhinoviren nur in Zellen im Bereich des oberen Rachenraums einnisten können – und dorthin können sie praktisch nur über die Nasenschleimhaut gelangen, nicht aber über die Mundschleimhaut. Verblüffenderweise ist der genaue Ansteckungsweg für die bereits 1956 entdeckten Rhinoviren bis heute nicht genau verstanden. Vielleicht hängt das damit zusammen, dass der unscheinbare Virus als zu harmlos gilt, als dass man sich mit ihm näher befassen müsste.

WAS SIND VIREN?

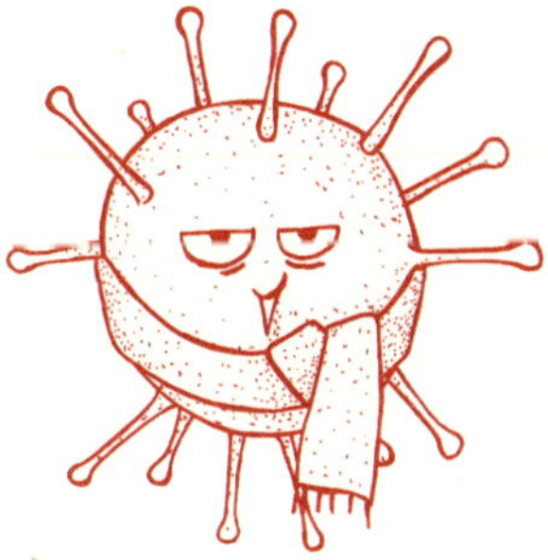

Viren unterscheiden sich von Bakterien, sie haben keine Zellstruktur und sind deutlich kleiner. Viren nutzen oft sogar Bakterien als Wirt, um zu überleben. In den Wirtszellen vermehren sie sich, das funktioniert praktisch wie eine fast endlos arbeitende Kopiermaschine – am Ende steht der Tod der Zelle, dann überschwemmen die kopierten Viren in Massen den Organismus.

Manche Wissenschaftler sagen, Viren seien keine Lebewesen, weil sie sich nur in anderen Zellen vermehren können. Äußerlich haben Viren die unterschiedlichsten Gestalten, aber ihr Grundaufbau ist sehr ähnlich: Sie sind zwischen 10 und 420 Nanometer groß und meist kugel- oder würfelförmig. Vereinzelt gibt es auch langgezogene Viren in Stäbchen- oder Fadenform. Ein Rhinovirus etwa hat die Form eines Ikosaeders, das heißt, es besteht aus 20 gleichseitigen Dreiecken. Der Kern der Viren ist von einer schützenden Kapsel umgeben, meist besteht sie aus Eiweißen, manchmal zusätzlich auch aus Fetten und Kohlenhydraten.

Jedes Virus ist auf bestimmte Zellen spezialisiert, an die es andocken kann. Entsprechend sehen die Rezeptoren an der Außenhülle aus, diese Andockstelle für andere Moleküle oder Zellen funktionieren nach dem Schlüssel-Schloss-Prinzip. Das bedeutet, sie brauchen ein entsprechendes Gegenüber an einer Zelle, in die sie dann eindringen können.

Im Inneren der Hülle tragen Viren ihren genetischen Code meist als RNA, das ist anders als die DNA, auf der etwa wir Menschen unsere Erbinformationen speichern, meist nur ein Einzelstrang aus Aminosäuren. Früher unterschätzte man diese Ribonukleinsäuren und betrachtete sie als Müll, heute weiß man, dass sie wichtige Funktionen ausführen können, etwa genetische Informationen übertragen, Gene regulieren und Informationen in Eiweiße umsetzen. Auch Viren sind zu komplexen Dingen fähig.

»Viren sind die Weltmeister im Herumreichen genetischer Information«, sagt die Virusforscherin Karin Mölling, Universität Zürich, Autorin des Buchs »Supermacht des Lebens – Reisen in die erstaunliche Welt der Viren«. Seit mehr als 3,5 Milliarden Jahren existieren sie auf der Erde, damals gab es noch keine Zellen. Viren begleiteten also das Leben auf der Erde von Anfang an. Es gibt kein Lebewesen ohne Viren. Sie sind überall: in Pflanzen, im Erdboden, in jeder Zelle. Auf der Erde gibt es etwa 10 hoch 33 Viren, schätzt Mölling. Ein großer Teil unseres Erbguts besteht aus fossilen Viren oder Virusbestandteilen.

Viren sind etwa hundertfach kleiner als Bakterien. Und extrem anpassungsfähig. 30 000 Jahre konnten Viren im Permafrostboden in ewiger Kälte überdauern, ehe sie Forscher jüngst wieder zum Leben erweckten. Davon träumt so mancher Mensch, der seinen Körper in Kryokammern für die Ewigkeit in flüssigem Stickstoff einfrieren lässt.

Forscher denken, dass sich unsere Immunabwehr im

Lauf der Evolution mit Hilfe der Viren entwickelt hat. So bringen nämlich Viren, wenn sie in Körperzellen eindringen, auch eine sogenannte Genschere mit, eine Art Handwerkszeug. Damit können sie das Erbgut anderer eindringender Viren oder Bakterien in Teile schneiden und so unschädlich machen. Karin Mölling betont, wie wichtig Viren für unsere Entwicklung und eben auch für unsere Gesundheit sind.

Nach Meinung vieler Experten dienen sie sogar dazu, das Immunsystem langfristig zu schulen. Es lernt, mit Infekten umzugehen und später schnell und richtig zu reagieren. Bis zu 40 Prozent aller Attacken mit dem Rhinovirus spüren wir gar nicht. Das brachte Forscher auf die Idee, dass gerade die harmloseren Viren in jungen Jahren unser Immunsystem trainieren. Kinder haben relativ häufig Erkältungen während ihrer Kindergartenzeit. Das hat schon so manchen Erwachsenen (auch mich) gezwungen, seine familiäre Wochenplanung kurzfristig über den Haufen zu werfen. Dabei denkt natürlich kaum jemand daran, dass hier gerade extrem wichtige Trainingsprogramme im Kinderkörper ablaufen und die Immunabwehr stärken.

Natürlich darf man dabei nicht das verheerende Potenzial von Killerviren wie dem HI-Virus, Sars- oder Pockenvirus vergessen, auch nicht die Polio- oder Grippeviren, die schon Tausenden das Leben gekostet haben; man denke nur an die Spanische Grippe aus dem Jahr 1918. Doch manche ihrer Waffen lassen sich auch nutzen, um etwa Bakterien zu kontrollieren und auszuschalten.

WARUM FÜRCHTEN WIR UNS SO GERN?

Bisweilen setzen wir uns gern einem Thrill aus, einem kontrollierten Nervenkitzel. Manche klettern eine steile Bergwand hoch, andere stürzen sich mit einem Fallschirm von einem Hochhausdach, fahren mit der höchsten Achterbahn der Welt oder gucken Gruselfilme. Es ist eine Mischung aus Lust und Angst, die uns dabei begleitet.

Ich kann mich an eine Szene aus meiner Kindheit erinnern: Ich zeltete mit Schulfreunden an einem See, es war kurz vor Vollmond, und wir waren ganz allein. Kein Erwachsener war mit dabei. Um den See führte ein breiter Weg. Um Mitternacht beschlossen wir, den See zu umrunden, und fingen dabei an, uns Gruselgeschichten zu erzählen. Wir lachten ziemlich laut währenddessen. Irgendwann fiel mir auf, dass die ganze Gruppe eng beieinanderblieb und wir alle in der Mitte des Wegs liefen – und immer lauter lachten.

Neurobiologen erklären die Lust am Thrill damit, dass dabei vermehrt der Botenstoff Dopamin freigesetzt wird. Möglicherweise ist das ein evolutionär alter Mechanismus, und unsere Vorfahren wurden bei einer riskanten Jagd auf ein Mammut mit dem Glückshormon quasi belohnt. Dopamin hat eine euphorisierende Wirkung. In unserer Gesellschaft erleben wir solche riskanten Momente im Alltag eher selten, vielleicht suchen wir auch deshalb verstärkt den Nervenkitzel. Angst und Lust scheinen eng zusammenzugehören. Wir lachten damals als Kinder am See auch deshalb so laut über die Gruselgeschichten, weil wir die Angst kontrollieren wollten.

Der ungarische Psychoanalytiker Michael Balint beschäftigte sich schon vor gut 60 Jahren mit dem Angstlust-Begriff. Er beschrieb das Auf und Ab der Gefühle unter anderem anhand von Jahrmarktserlebnissen, als eine Art positives Wechselbad der Gefühle. Balint führt diese Lust am Thrill auf ein altes Trauma zurück, nämlich das, dass wir uns von unserer Mutter loslösen mussten und dies Angst auslöste. Danach waren wir aber umso erleichterter, in ihren Schutz zurückkehren zu können. Angst und Spannung fielen wieder von uns ab.

Das erinnert mich an den Schauer von Halloween, den in der Großstadt viele noch relativ junge Kinder suchen. Jahr für Jahr klingeln bei mir Horden wild kostümierter Kinder, schreien kurz »Süßes oder Saures« und bedanken sich dann ganz artig und lammfromm für die Süßigkeiten. Die Mutprobe, allein ohne Erwachsene durch die Straßen der Stadt zu ziehen und bei wildfremden Menschen zu klingeln, ist in diesem Moment überstanden.

Halloween oder der Sound der Angst

Eine junge Frau steigt in die Dusche. Ein kräftiger Strahl ergießt sich aus dem Duschkopf. Fast eine Minute lang ist nur das Rauschen des Wassers zu hören. Dann sieht man, wie sich ihr langsam hinter dem milchigen Duschvorhang eine Gestalt nähert. Mit einem kräftigen

»Ratsch« reißt sie den Vorhang beiseite. Ein Arm mit einem Messer hebt sich, und gleichzeitig mit den Schreien der Frau ertönt das schrille Kreischen der Geigen. Die Musik des Schreckens. Sie wandelt sich zu dramatischen Akkorden und ebbt dann langsam ab. Am Ende bleibt wieder nur das Rauschen der Dusche, während das blutgefärbte Wasser gurgelnd im Abfluss verschwindet.

Man kann zu Horrorfilmen so oder so stehen. Ich war bei den wenigen, die ich gesehen habe, meist froh, als sie vorbei waren. Doch eines beschäftigte mich immer wieder: Kurz bevor die nächste Bluttat geschieht, setzt oft eine ganz bestimmte Musik ein. Sie ist meist ruhig und langsam, so dass man Hintergrundgeräusche wie das Quietschen einer Tür, das Knarzen einer Diele oder eben das Rauschen der Dusche deutlich hören kann. Der ruhige Ton steigert die innere Anspannung. Im Schreckmoment wird die Musik plötzlich lauter, schneller und schriller. Die Frequenz ändert sich, manche Töne sind auch verzerrt. Zum Einsatz kommen Geigen oder Streichinstrumente mit hohen Tönen, manchmal kombiniert mit Kinderstimmen, die hoch singen, oft nur unverständliche Worte. Manchmal nutzen die Komponisten auch das Klavier oder die Hörner. Der Sound des Grauens lässt uns erschauern. Wie in der Duschszene von Hitchcocks »Psycho« beunruhigt und erschreckt uns allein schon der Klang.

Forscher um Daniel Blumstein von der Universität von Kalifornien konnten nun klären, warum bestimmte Klänge uns beunruhigen. Folgen aus dissonanten und abrupten Tönen ähnelten den Warnlauten oder Angstschreien von Tieren, die sich in Not befinden. Diese stoßen dann oft stoßartig verzerrte Laute aus. Testpersonen beschrieben kurze Sequenzen, die verzerrte oder abrupte Töne enthielten, als angsteinflößend. Die Forscher denken, dass solche Warnsignale in der Geschichte der Menschheit eine wichtige Rolle gespielt und sie daher ihre Wirkung beibehalten haben.

IST FREITAG, DER 13. EIN BESONDERER TAG?

Abergläubische Menschen scheinen an diesem Tag zu hängen und ihn partout als Unglückstag begreifen zu wollen, an dem alles schiefgeht. Vielleicht hängt das damit zusammen, dass Jesus an einem Freitag am Kreuz starb und ihn davor Judas, der 13. seiner Jünger, verraten hatte. Obwohl es sicher keine exklusiv christlichen Wurzeln für den Aberglauben gibt, schon die Babylonier empfanden 13 als Unglückszahl.

Mathematisch betrachtet, fallen Freitage durchschnittlich 1,7-mal pro Jahr auf einen 13., genauer gesagt alle 30 Wochen, oder 688-mal in 400 Jahren, das ist der exakte Wert, der sich aus dem gregorianischen Kalender ergibt. Es gibt Jahre mit drei solchen Freitagen, der kürzeste Abstand zwischen zwei dieser vermeintlichen Unglückstage ist vier Wochen (zwischen Februar und März), der längste 61 Wochen.

In jedem Jahr gibt es mindestens einen Freitag, den 13. So gesehen ist der Tag also nichts Besonderes.

Er ist auch kein ausgewiesener Unglückstag. So belegte zum Beispiel der deutsche Sozialwissenschaftler Edgar Wunder, dass es keine Häufung von Verkehrsunfällen am Freitag, den 13. gebe. Er wertete fast 200 000 Unfälle aus 15 Jahren aus. Es liege auch kein Effekt im Sinne einer »selbsterfüllenden Prophezeiung« vor.

Der Aberglaube wird sich bei manchen Menschen

trotzdem halten, vielleicht auch wegen Geschichten wie dieser: Arnold Schönberg, der Begründer der Zwölftonmusik, hatte eine krankhafte Angst vor der Zahl 13. Der österreichische Komponist war an einem 13. geboren worden und starb – man ahnt es – an einem Freitag, dem 13. Juli 1951.

UNSERE FÜNF SINNE

Im Herbst: Schmecken und Riechen

Herbstzeit ist Erntezeit. Sie beginnt meist mit der Hopfenernte. Mich führt das zurück in meine Jugend, auf den Bauernhof meiner Großmutter in der Hallertau, einem der größten Hopfenanbaugebiete der Welt. Ich erinnere mich besonders gut an ein Erlebnis: Ich durfte hoch unter das Dach einer Scheune, in der die eben geernteten, noch feuchtfrischen Hopfendolden getrocknet wurden. Es war sehr warm unter dem Dach, auf dem Boden lagen dick die hellgrünen Dolden. Ihr Geruch war unglaublich intensiv und vielschichtig, ein wahres Geruchsfeuerwerk, es roch schwül und schwer, ein bisschen bitter dazu und sogar ein wenig süß. Es war ein voller Geruch, der mir fast den Atem nahm, mich aber auch angenehm warm umhüllte. Ich knabberte an einer Frucht, sie war bitter und furchtbar eklig.

Für mich sind Schmecken und Riechen die stärksten Sinneseindrücke des Herbstes. Sie haben viel mit unserer Nahrung zu tun, und reifes Obst und Gemüse schmecken und riechen am intensivsten. Nur über Schmecken und Riechen, unsere beiden chemischen Sinne, haben wir Zugang zu dieser Welt. Die Zunge mit ihren Geschmacksknospen ist der erste große Gehilfe in der Welt des Geschmacks. Fünf Geschmacksrichtungen kann sie erkennen: süß, sauer, bitter, salzig und umami. Forscher schlugen kürzlich noch einen sechsten Typ vor: fettig.

Die Zunge ist ein lebenswichtiger Wächter am oberen

Eingang unseres Körpers. Sie prüft, ob Nahrung verdorben, ungenießbar oder vielleicht sogar giftig sein könnte. Ein saurer Geschmack signalisiert beispielsweise, dass eine Frucht noch nicht reif genug ist zum Essen. Solche Geschmacksinformationen aktivieren auch den Würgereiz, wir übergeben uns und werden die schädlichen Stoffe wieder los. Heutzutage brauchen wir diesen Schutzmechanismus glücklicherweise selten, das meiste schmeckt ja ziemlich lecker.

Damit sich das volle Spektrum der Geschmacksnuancen und -erfahrungen entfalten kann, braucht es die Hilfe der anderen Sinne. Aussehen, Farbe und Haptik spielen eine wichtige Rolle. Aber allen voran hilft hier unsere Nase. Knapp 15-mal pro Minute atmen wir ein und bieten damit den rund 30 Millionen Riechzellen unserer Riechschleimhaut vielfältigste Duftkomponenten zur Analyse an. Die Nase ist gut gewappnet: Kein anderes Sinnesorgan kann so differenziert detektieren. 350 verschiedene Typen von Rezeptoren sind Spezialisten für die unterschiedlichsten Duftmoleküle. Miteinander kombiniert, ergeben sich Millionen olfaktorischer Eindrücke. Allerdings warnen Duftforscher wie Hanns Hatt davor, das Organ verkümmern zu lassen. Wir sollten unseren Geruchssinn täglich trainieren, dann können wir mehrere tausend Düfte unterscheiden. Frisch geerntetes Obst und Gemüse sowie Wein bieten ein perfektes Übungsfeld. Und wir sollten nicht vergessen: Unsere Nase entscheidet auch bei der Partnerwahl, jeder Mensch hat einen ganz individuellen Geruchsabdruck. Riechen ist unser intimster Sinn.

Ich durfte einmal an einem ganz besonderen Ort das Riechen und Schmecken üben: Beim Winzer Rowald Hepp auf Schloss Vollrad. Ich war damals als Journalist unterwegs, ich recherchierte über Wein und wollte mit dem Winzer zur Abrundung noch ein bisschen über den Anbau plaudern. Was dann folgte, war für mich wie ein Erweckungserlebnis. Hepp hatte einige Rieslingweine diverser Jahrgänge und aus unterschiedlichen Lagen vorbereitet. Bis drei Uhr nachts probierten wir in kleinen Schlucken die Weine, von denen jeder so ganz anders schmeckte: mal voller, mal feiner, mal wuchtiger, mal ungestüm wie ein wilder Junge, mal elegant und zurückhaltend wie eine kluge Dame. Ich verpasste meinen Zug zurück nach München, und ich sehe – und schmecke und rieche – seit dieser Zeit Wein anders. Danke an dieser Stelle, lieber Rowald Hepp.

DANK

Ein so vielschichtiges Buch wie dieses wäre ohne die originellen Ideen, erhellenden Erklärungen und vielfältigen Anregungen von Wissenschaftlern nicht möglich. Dafür danke ich Tilo Arnhold, Asa Barber, Ralf Bender, Sebastian Bley, Thomas Brandt, Franz Brümmer, Simone Egger, Barbara Ercolano, Charlotte Förster, Brigitte Schulte-Fortkamp, Alexander Fraser, Richard Fuchs, Albert Gerdes, Michael Gliss, Gerhard Heldmaier, Bernd Herkner, Stephan Herminghaus, Gunther Hirschfelder, Hans Kemenater, Christian Lisdat, Karin Mölling, Viatcheslav Mukhanov, Werner Müller, Michael Ohl, Steve Sasson, Martin Schneebeli, Ingo Schneider, Friedemann Schrenk, Manfred Walzl, Stefan Winter, Holger Wormer und Martin Zarnkow.

Besonderer Dank gilt meiner Mitarbeiterin Katharina Roth, die mich nicht nur bei den Recherchen unterstützt hat. Sie hat auch das gesamte Manuskript akribisch gegengelesen und mir in intensiven Diskussionen viele wertvolle Ideen mit auf den Weg gegeben.

Stefan Ulrich Meyer hat den Stein ins Rollen gebracht, mit ihm habe ich das Grundkonzept besprochen. Ihm danke ich für seine Ideen und sein Vertrauen. Daniel Mursa von meiner Agentur Petra Eggers hat mein Projekt nach Kräften unterstützt. Verena Diercks und den Schülerinnen des Theresia-Gerhardinger-Gynmnasiums

München danke ich für Anregungen zu spannenden Fragen. Besonders dankbar bin ich meiner Lektorin Nadine Lipp, für ihre Begeisterung, mit der sie das Buch begleitet hat, und für ein überaus präzises, kluges und gleichzeitig behutsames Lektorat.

Zum Schluss möchte ich meiner Frau Denise und meinen Kindern Fabian, Nicolai und Laura danken. Sie haben mich in den intensiven Monaten des Schreibens unterstützt, mich mit ihren Gedanken inspiriert und ihrer klaren Kritik bereichert. Widmen möchte ich dieses Buch meinen Eltern, als Dank für ihre lebenslange Unterstützung und die Begeisterung für mein Tun.

QUELLEN

BÜCHER

David Blatner, Extremwelten: Unser unfassbares Universum von unendlich klein bis unendlich, Berlin 2013

Trevor Cox, Das Buch der Klänge, Berlin 2015

Cyril Edward, The Strange Case of the Old High German Lullaby, in: The Beginnings of German Literature: Comparative and Interdisciplinary Approaches to Old High German. S. 142–165, Camden House 2002

Simone Egger, Phänomen Wiesntracht. Identitätspraxen einer urbanen Gesellschaft: Dirndl und Lederhosen, München und das Oktoberfest, München 2006

Giulia Enders, Darm mit Charme, Berlin 2014

Hans Magnus Enzensberger, Die Geschichte der Wolken, Frankfurt/Main 2003

Hubert Filser, Das erste Mal, Berlin 2011

Andrea Fink-Keßler, Milch, Oekom Verlag, München 2012

Daniel Gethmann/Anselm Wagner: Staub. Eine interdisziplinäre Perspektive, Wien 2013

Gebrüder Grimm, Deutsches Wörterbuch der Gebrüder Grimm, Online-Version: dwb.uni-trier.de

Hermann G. Hauthal/Günter Wagner (Hg.), Reinigungs- und Pflegemittel im Haushalt, Verlag für chemische Industrie, Augsburg 2007

Rudolf Heiss, Karl Eichner, Haltbarmachen von Lebensmitteln. Chemische, physikalische und mikrobiologische Grundlagen der Qualitätserhaltung, Berlin 2002

Eva Heller, Wie Farben wirken, Reinbek 2006

Gunther Hirschfelder, Europäische Esskultur – Geschichte der Ernährung von der Steinzeit bis heute, Frankfurt/Main 2005

Stefan Klein, Zeit, Frankfurt/Main 2006

Alexandre Lacroix, Kleiner Versuch über das Küssen, Berlin 2013

Harald Lesch, Harald Zaun, Die kürzeste Geschichte allen Lebens, Hamburg 2008

Franz Meußdoerffer, Martin Zarnkow, Das Bier: Eine Geschichte von Hopfen und Malz, München 2014

Karin Mölling, Supermacht des Lebens – Reisen in die erstaunliche Welt der Viren, München 2014

Bernhard Mühr, Der Wolkenatlas und ein Ausflug in die Astronomie, Gerchsheim 2008

Werner Paravicini (Hg.), Höfe und Residenzen im spätmittelalterlichen Reich, darin Beitrag von Anja Kircher-Kannemann, »Feuerwerke und Illuminationen«, Ostfildern 2005

Günther Richter, Feste und Bräuche im Wandel der Zeit. Kirmes, Kürbis und Knecht Ruprecht, Bielefeld 2011

Andrew F. Smith, Popped Culture: A Social History of Popcorn in America, Washington and London 2001

Jens Soentgen, Kurt Völzke (Hg.), Staub. Spiegel der Umwelt, München 2006

Peter Spork, Wake up! – Aufbruch in eine ausgeschlafene Gesellschaft, München 2014

Jürgen Tautz, Die Erforschung der Bienenwelt, Stuttgart 2015, Ordericus Vitalis, Historica Ecclesiastica

Günther Wagner, Waschmittel. Chemie, Umwelt, Nachhaltigkeit, Weinheim 2005

Michael Welland, Sand: The Never-Ending Story, University of California Press 2010

Marc Wittmann, Wenn die Zeit stehen bleibt, München 2015

Richard Wrangham, Feuer fangen, München 2009
Holger Wormer, Hubert Filser, Das schönste Fest des Jahres, Freiburg 2009

WEBSEITEN

www.goethezeitportal.de
www.quarks.de
www.spektrum.de
www.slf.ch
www.weltderphysik.de
www.zeit.de/serie/stimmts

ARTIKEL

Asa H. Barber et al., Extreme strength observed in limpet teeth, in: Royal Society Journal Interface, 2015, doi: 10.1098/rsif.2014.1326
Matthias Bauer et al., Fear of heights in ancient China, in: Journal of Neurology, Bd. 259, S. 2223 f., doi: 10.1007/s00415-012-6523-5
Manfred Betz et al., Schlafgewohnheiten und Gesundheit bei Jugendlichen und jungen Erwachsenen – Auswirkungen von Schlafdefizit auf Leistungsfähigkeit und Wohlbefinden, in: Deutsche medizinische Wochenschrift; 137 – A28, 2012, doi: 10.1055/s-0032-1323191
Daniel Blumstein et al., The sound of arousal in music is context-dependent, in: Biological Letters, 11. Sept. 2012, doi: 10.1098/rsbl.2012.0374
Robynne Boyd, Do People Only Use 10 Percent of Their Brains? – What's the matter with only exploiting a portion of our gray matter?, in: Scientific American, 7. Februar 2008
Thomas Brandt et al., Fear of heights and visual height intole-

rance, in: Current Opinion Neurology, Bd. 27, S. 111 f., 2014, doi: 10.1097/WCO.0000000000000057

Jason B. Castro et al., Categorical Dimensions of Human Odor Descriptor Space Revealed by Non-Negative Matrix Factorization, in: PloS One, 18. September 2013, doi: 10.1371/journal.pone.0073289

Harris Cooper et al., The Effects of Summer Vacation on Achievement Test Scores: A Narrative and Meta-Analytic Review, in: Review of Educational Research, doi: 10.3102/00346543066003227

Rubén Fernández-Alonso et al., Adolescents' Homework Performance in Mathematics and Science: Personal Factors and Teaching Practices, in: Journal of Educational Psychology. Advance online publication. 16. März 2015, http://dx.doi.org/10.1037/edu0000032

Jennifer Fiegel et al., Airborne infectious disease and the suppression of pulmonary bioaerosols, in: Drug Discovery Today, Bd. 11, Heft ½, S. 51 f., Januar 2006

Dominik Guggisberg et al., Mechanism and control of the eye formation in cheese, in: International Dairy Journal, Bd. 47, S. 118 f., August 2015

Gerhard Heldmaier, Life on Low Flame in Hibernation, in: Science, Bd. 331, S. 866 f., 2011

Max Hirshkowitz, National Sleep Foundation's sleep time duration recommendations: methodology and results summary, in: Sleep Health, Bd. 1, Ausg. 1, S. 40 f., März 2015, http://dx.doi.org/10.1016/j.sleh.2014.12.010

William James, The Energies of Men, in: Science, Bd. 635, S. 321 f., 1907

Thomas Kantermann et al., Timing of Examinations Affects School

Performance Differently in Early and Late Chronotypes, in: Journal of Biological Rhythms, Bd. 30, S. 53 f., Februar 2015
John Londesborough et al., Analysis of Beers from an 1840s' Shipwreck, in: Journal of Agricultural & Food Chemistry, doi: 10.1021/jf5052943, 9. Februar 2015
Steven McMullen et al., The Impact of Year-Round Schooling on Academic Achievement: Evidence from Mandatory School Calendar Conversions, in: American Economic Journal: Economic Policy, Bd.4, S. 230 f., 2012, doi: 10.1257/pol.4.4.230
Gordon E. Moore, Cramming More Components onto Integrated Circuits, in: Electronics, S. 114 f., 19. April 1965.
Pam Mueller et al., The Pen Is Mightier than the Keyboard: Advantages of Longhand Over Laptop Note Taking, in: Psychological Science, doi: 10.1177/0956797614524581, 2014
Julian W. Tang et al., Airflow Dynamics of Coughing in Healthy Human Volunteers by Shadowgraph Imaging: An Aid to Aerosol Infection Control, in: PloS one, Bd. 7, Ausgabe 4, S. e34818, April 2012
Morgan W. Tingley et al., Global mountain topography and the fate of montane species under climate change, in: Nature Climate Change, 18. Mai 2015, online, doi: 10.1038/nclimate2656
Emmanuel Virot et al., Popcorn: critical temperature, jump and sound, in: Journal of the Royal Society Interface, 12: 20141247, http://dx.doi.org/10.1098/rsif.2014.1247, 2015
Edgar Wunder, Die Folgen von »Freitag, dem 13.« auf das Unfallgeschehen in Deutschland, in: Zeitschrift für Anomalistik, Bd. 3, S. 47 f., 2003
Shengwei Zhu et al., Study on transport characteristics of saliva droplets produced by coughing in a calm indoor environment, in: Building and Environment, Bd. 41, S. 1691 f., 2006

BILDNACHWEIS

HildenDesign, Veronika Wunderer: S. 6, 7, 8, 10–11 ganze Seite (außer: Regenwolke von Shutterstock/Elena Li), 15, 20, 28, 30, 32, 35, 59, 60, 61, 75, 79, 84, 96, 98, 101, 103, 104, 105, 118, 125, 137, 139, 141, 145, 154, 155, 156, 160, 163

Shutterstock (modifiziert von HildenDesign, Veronika Wunderer): Jka S. 6, 51, 64, 68; Natalia Hubbert S. 9; Daniel Barreto S. 17; Polovinkin S. 24; advent S. 53; Reuki S. 77; MARK-IN S. 87; Lyudmyla Kharlamova S. 168

Shutterstock: Redcollegiya S. 3; Elena Li S. 10–11; Polovinkin S. 43

REGISTER

Hubert Filser

Warum küssen wir uns?

Und andere Rätsel des Frühlings

Wann wurde der Osterhase geboren?
Warum werden wir im Frühling grün im Gesicht?
Haben Tiere Frühlingsgefühle?

Die Welt steckt voller wunderbarer Geheimnisse. Manche lassen sich leicht erklären, an anderen beißen sich Forscher auch heute noch die Zähne aus. Hubert Filser, Physiker und Wissenschaftsjournalist, hat die schönsten Geschichten und die neuesten wissenschaftlichen Erkenntnisse über die Rätsel des Frühlings versammelt.

Ein faszinierender Streifzug durch die Alltagsphänomene des Frühlings

KNAUR

Hubert Filser

Warum braucht der Mensch Urlaub?

Und andere Rätsel des Sommers

Wie kommt der Sand ans Meer?
Was kann man aus einem Stau lernen?
Warum knistert ein Lagerfeuer?

Die Welt steckt voller wunderbarer Geheimnisse. Manche lassen sich leicht erklären, an anderen beißen sich Forscher auch heute noch die Zähne aus. Hubert Filser, Physiker und Wissenschaftsjournalist, hat die schönsten Geschichten und die neuesten wissenschaftlichen Erkenntnisse über die Rätsel des Sommers versammelt.

Ein faszinierender Streifzug
durch die Alltagsphänomene des Sommers

KNAUR

Joseph Scheppach

Das geheime Bewusstsein der Pflanzen

Botschaften aus einer unbekannten Welt

Faszinierende Einblicke in die Welt der Pflanzen

Pflanzen haben mehr Sinne als wir Menschen. Sie haben Gefühle und empfinden Schmerzen. Sie können sehen, hören, riechen und haben ein Zeitempfinden. Immer mehr Forscher bescheinigen Pflanzen eine besondere Form der Intelligenz. Der Wissenschaftsjournalist Joseph Scheppach präsentiert sensationelle Erkenntnisse aus der Pflanzenwelt und erschließt uns ihr geheimes Leben.

»Joseph Scheppach
übersetzt die Sprache der Pflanzen.«
Frankfurter Allgemeine Zeitung

KNAUR